西北旱区生态水利学术著作丛书

水文序列变异诊断理论与方法

黄 强 黄生志 樊晶晶 著

国家自然科学基金重大项目课题（51190093）资助

科 学 出 版 社

北 京

内 容 简 介

变化环境下,水文序列的变异导致其"一致性"假设失效,否定了目前工程水文分析计算的前提,给水利工程的规划和设计带来偏差。本书针对变化环境下水文过程演变规律及变异特征,将基于时间序列的统计方法与基于物理机制的分布式水文模型相结合,揭示了变化环境下非一致性水文序列变异关系和成因,诊断了降水-径流、降水-蒸发等水文气象序列关系的变异,定量识别了气候及下垫面变化对流域水文要素变异的贡献,发展了变化环境下流域水文序列的变异诊断理论体系和方法。

本书可供水文水资源领域的科研工作者及高校师生阅读参考。

图书在版编目(CIP)数据

水文序列变异诊断理论与方法 / 黄强,黄生志,樊晶晶著. —北京:科学出版社,2020.6

(西北旱区生态水利学术著作丛书)

ISBN 978-7-03-062439-0

Ⅰ.①水… Ⅱ.①黄… ②黄… ③樊… Ⅲ.①水文要素-研究 Ⅳ.①P33

中国版本图书馆 CIP 数据核字(2019)第 215613 号

责任编辑:祝 洁 杨 丹 / 责任校对:杨 赛

责任印制:张 伟 / 封面设计:迷底书装

科学出版社 出版

北京东黄城根北街 16 号
邮政编码:100717
http://www.sciencep.com

北京建宏印刷有限公司 印刷

科学出版社发行 各地新华书店经销

＊

2020 年 6 月第 一 版 开本:720×1000 B5
2020 年 6 月第一次印刷 印张:15 1/2
字数:303 000

定价:128.00 元
(如有印装质量问题,我社负责调换)

《西北旱区生态水利学术著作丛书》学术委员会

《西北旱区生态水利学术著作丛书》编写委员会

总 序 一

　　水资源作为人类社会赖以延续发展的重要要素之一，主要来源于以河流、湖库为主的淡水生态系统。这个占据着少于1%地球表面的重要系统虽仅容纳了地球上全部水量的0.01%，但却给全球社会经济发展提供了十分重要的生态服务，尤其是在全球气候变化的背景下，健康的河湖及其完善的生态系统过程是适应气候变化的重要基础，也是人类赖以生存和发展的必要条件。人类在开发利用水资源的同时，对河流上下游的物理性质和生态环境特征均会产生较大影响，从而打乱了维持生态循环的水流过程，改变了河湖及其周边区域的生态环境。如何维持水利工程开发建设与生态环境保护之间的友好互动，构建生态友好的水利工程技术体系，成为传统水利工程发展与突破的关键。

　　构建生态友好的水利工程技术体系，强调的是水利工程与生态工程之间的交叉融合，由此生态水利工程的概念应运而生，这一概念的提出是新时期社会经济可持续发展对传统水利工程的必然要求，是水利工程发展史上的一次飞跃。作为我国水利科学的国家级科研平台，西北旱区生态水利工程省部共建国家重点实验室培育基地(西安理工大学)是以生态水利为研究主旨的科研平台。该平台立足我国西北旱区，开展旱区生态水利工程领域内基础问题与应用基础研究，解决若干旱区生态水利领域内的关键科学技术问题，已成为我国西北地区生态水利工程领域高水平研究人才聚集和高层次人才培养的重要基地。

　　《西北旱区生态水利学术著作丛书》作为重点实验室相关研究人员近年来在生态水利研究领域内代表性成果的凝炼集成，广泛深入地探讨了西北旱区水利工程建设与生态环境保护之间的关系与作用机理，丰富了生态水利工程学科理论体系，具有较强的学术性和实用性，是生态水利工程领域内重要的学术文献。丛书的编纂出版，既是对重点实验室研究成果的总结，又对今后西北旱区生态水利工程的建设、科学管理和高效利用具有重要的指导意义，为西北旱区生态环境保护、水资源开发利用及社会经济可持续发展中亟待解决的技术及政策制定提供了重要的科技支撑。

中国科学院院士 王光谦

2016 年 9 月

总 序 二

近50年来全球气候变化及人类活动的加剧，影响了水循环诸要素的时空分布特征，增加了极端水文事件发生的概率，引发了一系列社会-环境-生态问题，如洪涝、干旱灾害频繁，水土流失加剧，生态环境恶化等。这些问题对于我国生态本底本就脆弱的西北地区而言更为严重，干旱缺水(水少)、洪涝灾害(水多)、水环境恶化(水脏)等严重影响着西部地区的区域发展，制约着西部地区作为"一带一路"桥头堡作用的发挥。

西部大开发水利要先行，开展以水为核心的水资源-水环境-水生态演变的多过程研究，揭示水利工程开发对区域生态环境影响的作用机理，提出水利工程开发的生态约束阈值及减缓措施，发展适用于我国西北旱区河流、湖库生态环境保护的理论与技术体系，确保区域生态系统健康及生态安全，既是水资源开发利用与环境规划管理范畴内的核心问题，又是实现我国西部地区社会经济、资源与环境协调发展的现实需求，同时也是对"把生态文明建设放在突出地位"重要指导思路的响应。

在此背景下，作为我国西部地区水利学科的重要科研基地，西北旱区生态水利工程省部共建国家重点实验室培育基地(西安理工大学)依托其在水利及生态环境保护方面的学科优势，汇集近年来主要研究成果，组织编纂了《西北旱区生态水利学术著作丛书》。该丛书兼顾理论基础研究与工程实际应用，对相关领域专业技术人员的工作起到了启发和引领作用，对丰富生态水利工程学科内涵、推动生态水利工程领域的科技创新具有重要指导意义。

在发展水利事业的同时，保护好生态环境，是历史赋予我们的重任。生态水利工程作为一个新的交叉学科，相关研究尚处于起步阶段，期望以此丛书的出版为契机，促使更多的年轻学者发挥其聪明才智，为生态水利工程学科的完善、提升做出自己应有的贡献。

中国工程院院士

2016 年 9 月

总 序 三

我国西北干旱地区地域辽阔、自然条件复杂、气候条件差异显著、地貌类型多样，是生态环境最为脆弱的区域。20世纪80年代以来，随着经济的快速发展，生态环境承载负荷加大，遭受的破坏亦日趋严重，由此导致各类自然灾害呈现分布渐广、频次显增、危害趋重的发展态势。生态环境问题已成为制约西北旱区社会经济可持续发展的主要因素之一。

水是生态环境存在与发展的基础，以水为核心的生态问题是环境变化的主要原因。西北干旱生态脆弱区由于地理条件特殊，资源性缺水及其时空分布不均的问题同时存在，加之水土流失严重导致水体含沙量高，对种类繁多的污染物具有显著的吸附作用。多重矛盾的叠加，使得西北旱区面临的水问题更为突出，急需在相关理论、方法及技术上有所突破。

长期以来，在解决如上述水问题方面，通常是从传统水利工程的逻辑出发，以人类自身的需求为中心，忽略甚至破坏了原有生态系统的固有服务功能，对环境造成了不可逆的损伤。老子曰"人法地，地法天，天法道，道法自然"，水利工程的发展绝不应仅是工程理论及技术的突破与创新，而应调整以人为中心的思维与态度，遵循顺其自然而成其所以然之规律，实现由传统水利向以生态水利为代表的现代水利、可持续发展水利的转变。

西北旱区生态水利工程省部共建国家重点实验室培育基地(西安理工大学)从其自身建设实践出发，立足于西北旱区，围绕旱区生态水文、旱区水土资源利用、旱区环境水利及旱区生态水工程四个主旨研究方向，历时两年筹备，组织编纂了《西北旱区生态水利学术著作丛书》。

该丛书面向推进生态文明建设和构筑生态安全屏障、保障生态安全的国家需求，瞄准生态水利工程学科前沿，集成了重点实验室相关研究人员近年来在生态水利研究领域内取得的主要成果。这些成果既关注科学问题的辨识、机理的阐述，又不失在工程实践应用中的推广，对推动我国生态水利工程领域的科技创新，服务区域社会经济与生态环境保护协调发展具有重要的意义。

中国工程院院士

2016 年 9 月

前　言

近几十年，全球气温经历了以变暖为主要特征的显著变化。大规模的农田水利工程、水土保持措施及城市化进程均在加速实施。由于气候和人类活动双重因素的影响，流域下垫面、水文情势等发生了剧烈变化，引起全球水循环、水文要素、水资源时空分布规律等改变。由此，地球表层系统的水文过程发生了深刻变化，从而诱发了水文序列变异，导致一系列极端水文事件（如洪涝和干旱）频发。变化环境下，水文序列的变异使工程水文计算的 3 个基本假设中的"一致性"假设失效，否定了目前工程水文分析计算的前提，动摇了工程水文计算的理论基础，给水利工程的规划、设计、运行带来偏差，直接威胁流域经济社会的可持续发展和人类的生存安全。因此，国家自然科学基金委员会设立了"十二五"重大项目"变化环境下工程水文计算的理论与方法"，并由西安理工大学承担项目第 4 课题"水文序列变异诊断和重构理论与方法"的研究，本书的出版也获得该课题的资助。

本书旨在揭示关键学科问题：变化环境下水循环要素的演变特征与规律、水文序列及其极值的变异特征与驱动机理，阐明气候变化和人类活动影响，构建水文序列综合变异诊断体系，诊断水文气象要素及其关系变异，区分气候和人类活动对水文序列变异的贡献率，从而提出水文序列变异诊断理论与方法，推动变化环境下工程水文学的发展。经过几十位科研工作者近十年的联合攻关，课题取得了丰硕的研究成果，获得陕西省科学技术奖二等奖。

本书内容丰富、结构合理、理论与实践结合紧密、创新突出，对研究变化环境下水文序列变异诊断具有重要的参考价值。同时，可为水利工程的规划、设计、运行管理提供学科依据。

本书撰写分工如下：黄强统稿并撰写第 1～3、9 章，樊晶晶撰写第 4、5 章，黄生志撰写第 6～8 章。研究生赵静、崔峀等参与了项目研究工作，马川惠、马盼盼、马旭等参与了本书部分章节的撰写，西安理工大学畅建霞教授、王义民教授、刘登峰副教授、白涛副教授、闵涛教授等对书稿提出了宝贵意见，在此深表感谢！

限于作者水平，书中难免存在不足之处，敬请读者批评指正！

目　录

第1章 绪 论

1.1 研究背景

　　环境变化主要指气候变化和人类活动导致的下垫面变化。气候变化主要以气温显著升高为主；人类活动主要是修建大规模水利工程和水土保持工程以及城市化进程加速等。在此背景下，受气候变化和人类活动的双重驱动，地球表层系统的不同尺度（流域、陆面、全球）水文过程发生了剧烈变化，导致水文序列的时空变异，极端水文事件频发，对国家安全、水安全及人类的生存发展构成威胁。

　　由于社会经济的快速发展，供水、防洪等水利工程对区域经济发展的影响甚至是约束作用日益显著。这些水利工程的安全高效运行依赖用于水利工程规划设计的水文序列。而流域水文序列的变化受气象序列和流域下垫面变化的综合影响。因此，进行水文序列变异诊断时，需要对相应的气象序列进行分析。水文气象要素变化趋势及其影响因子一直受到学者的关注。研究发现，20世纪60年代至21世纪初期，渭河流域的降水量（张宏利等，2008）、气温（和宛琳等，2006）、蒸发皿蒸发量（和宛琳等，2006）、潜在蒸发量（Zuo et al.，2011）、径流量（王辉等，2009；拜存有等，2009）等都存在不同程度的变异。2003年和2007年淮河发生的大洪水为1954年以后罕见，2005年珠江发生100年一遇的特大洪水。尽管在水文序列变异诊断方面已经有一些探索性的研究，但是诊断方法比较单一，对水文序列多要素变异的关系和成因缺乏深刻的认识，也未提出水文序列变异不满足一致性要求时的解决方法等。为了建立适应变化环境的工程水文计算理论方法，有必要对渭河、淮河、北江等典型流域开展水文序列变异诊断和重构理论方法研究，提高我国水利行业应对气候变化的能力。

　　《国家中长期科学和技术发展规划纲要（2006—2020年）》在公共安全、水资源和环境三个方面，确定了水资源优化配置与综合开发利用、综合节水和综合资源区划等涉水的优先主题；在"水和矿产资源"优先主题中，将"南水北调等跨流域重大水利工程治理开发的关键技术及黄河、长江等重大江河综合治理"列为重点研究内容；在当前的科学前沿中，把"地球系统各圈层（大气圈、水圈等）的相互作用，地球系统中的物理、化学、生物过程及其资源、环境与灾害效应"列为重点研究内容；在"全球变化与区域响应"这一针对国家重大战略需求的研

究中，把"全球变化对区域水资源的影响以及大尺度水文循环对全球变化的响
应"列为重点研究内容（中华人民共和国国务院，2006）。

　　因此，通过对水文气象变量及统计特征进行变异性辨识，定量分解气候变化
和人类活动对径流变异的贡献率，建立与环境变化相适应的非一致性频率计算方
法，是当前水文学亟待解决的科学难题，也是国际水文水资源研究的难点和热点。
这既是水文水资源学科的研究前沿，也是国家的重大需求。

1.2　研究目的及意义

　　在变化环境下，水文序列的变异否定了目前工程水文分析计算的前提，即径
流序列的"一致性"假设。水文序列变异的主要特征是洪水极值、径流量等剧烈
变化。例如，黄河流域多年平均降水量基本不变或稍有减少，但总径流量减少幅
度达到30%以上（黄强等，2016）。水文序列作为水利工程设计、规划和运行管理
重要的基本资料，需有一致性和代表性。若水文序列（n 年）在 m 年发生变异，
水文序列将分为两段（$1\sim m$，$m\sim n$），由于变异前后的两段时间序列的成因变化
显著，水文序列不具备一致性要求。如采用非一致的水文序列进行工程水文分析
计算，将会给水利工程的规划、设计和运行调度带来失误与风险。

　　水文过程主要受气候因素（如气温、日照、降水、相对湿度、风等）的直接
或间接影响，其中降水是最直接的因素。近年来，人类活动导致的下垫面变化以
及气候变化导致的地表热量平衡改变、大气环流异常等使水循环要素包括降水、
蒸发、地表地下径流、土壤水分等发生改变，进而改变全球水循环现状，引起水
资源在时空上的重新分配，水文序列发生剧烈变化并诱发了变异，危及社会经济
系统以及生态环境系统的可持续性。气候变迁及气候异常对径流均值产生影响，
同时水文气象要素变异使得流域不同水文气象序列之间的关系也发生了变异，这
不仅对水文极端事件如洪涝、干旱灾害出现的频率和极值的概率分布产生影响，
还增加了洪灾旱灾发生的强度和频次。大气环流异常，导致一定时期内降水过多，
超过河流河道正常过流能力时，会出现漫溢，即"洪涝"；或者导致一定时期内
降水过少，使水资源的供给能力降低，影响流域内人们正常生产生活，出现"干
旱"。因此，正确认识变化环境下水文序列演变规律，研究水文序列变异诊断的
理论与方法，对于水资源的可持续利用、防灾减灾及水利工程安全高效运行管理、
保证经济社会稳定发展等具有重要的现实意义。

1.3　国内外研究进展

　　水文现象或水文规律是通过水文要素或变量来表征的。从长期观测的水文气

象变量资料中提取的年降水量, 年径流量, 最大/最小洪峰流量以及最大/最小 1 日、
3 日洪量等水文气象序列在自然环境背景下具有随机属性, 因此要求据此分析的
水文资料必须具有稳定环境下的一致性和代表性。但气候变化和人类活动使水文
序列的一致性遭到破坏, 进而导致水文序列发生变异。辨识水文的自然规律以及
由环境变化产生的变异, 是水文领域亟须解决的难题。以下从水文序列变异及诊
断等综述国内外研究进展。

1.3.1 水文气象序列变异

在全球气候变化的大背景下, 很多地区的水文气象要素统计特征出现了不同
程度的变化。近年来, 随着全球气温持续升高, 地表蒸发加剧, 而蒸发的加强促
使大气水分也随之增加, 从而引发极端气候事件 (徐宗学, 2017)。降水量的变化
趋势呈现出很强的区域特征, 根据《第三次气候变化国家评估报告》, 我国近 100
年的年降水量变化趋势不明显, 但是 1956 年以来出现了微弱增加的趋势, 极端降
水有不断增加的趋势 (尹占娥等, 2018)。基于我国 1951~2010 年 1840 个气象台
站的观测数据, 得出我国的降水量变化呈现显著的区域特征, 东部地区降水发生
多次雨带的南北移动过程, 西北西部地区降水增多, 西北东部地区降水减少, 东
北部地区降水增多 (王艳姣等, 2014)。据 2008 年 *Science* 的报道, 美国西部水循
环在 20 世纪后叶发生了剧烈变化, 其中约 60%的变化是人类活动使环境发生变化
所造成的 (Barnett et al., 2008)。Forbes 等 (2018) 研究发现, 1950~2010 年在
美国西部径流量有明显的减少趋势。近 50 年来我国北方地区径流量呈减少趋势,
如渭河支流北洛河的径流量显著减少, 其主要原因是气候变化和人类活动的影响,
且人类活动是其流域径流量变异的关键驱动因子, 下垫面变化的影响也不可忽视
(樊晶晶等, 2016)。黄河流域和松花江流域的径流量在气候变化和人类活动的影
响下呈现不同程度减小的趋势 (王彦君等, 2015)。应用历时曲线法、双累积曲线
法等方法对黄河流域 1919~2010 年径流量演变过程进行研究, 发现上游和中游年
径流量呈显著减少趋势 (李二辉等, 2014)。华南地区部分流域近 50 年的资料表
明, 下垫面变化使径流量增加, 径流量在年内分配趋于均匀化 (吕乐婷等, 2013),
如 20 世纪 80~90 年代与 70 年代比较, 珠江水系北江流域增加 7%~10% (李艳
等, 2006), 东江流域增加 25.7% (王兆礼等, 2007)。

气候变暖导致枯期径流量与洪水流量等水文极值显著变化, 主要反映在干旱
和洪涝等极端事件发生的频率和程度上, 如洪涝或干旱的程度增加等。据《中国
21 世纪议程》报告, 气候变化可能导致我国的南方河流出现大洪水, 北方河流出
现近 20 年的枯水期, 我国的旱涝灾害将更加频繁。近 50 年来我国的主要极端气
候事件的强度和频率呈现增加趋势, 尤其是 20 世纪 90 年代以来, 大范围干旱和
流域性大洪水事件在全国范围内频发, 如 1991 年江淮大水, 1998 年长江、松花

江大水，2003 年和 2005 年淮河大水，2006 年川渝百年不遇的大旱和 2007 年淮河仅次于 1954 年的大洪水（刘昌明等，2004）。

极端水文气候事件发生频次和强度增大也降低了原有工程设计标准的可靠性。美国密西西比河 1993 年、1995 年、2001 年洪水，红河 1997 年洪水以及焦油河 1999 年洪水过程及其重现期都因受到人类活动的影响而发生显著变异。Tanaka 等（2017）对淀川河流域上游地区的溢流和大坝运行对下游极端洪峰频率的影响进行了分析计算，结果表明上游河流溢流对下游洪水频率的影响比大坝运行对下游洪水频率的影响大得多。综上所述，在全球范围内水文序列的变异特征显著，水文序列的变异造成了水文序列的非一致性（黄强等，2016）。洪水或干旱等极端水文事件发生频率增加的趋势使得水利工程的安全设计和高效运行存在很大风险。

1.3.2　水文序列变异诊断

气候变化和人类活动会导致不同时期的年径流量及其极值特征发生变异。为掌握水文序列的变异规律，对水文序列进行变异检验，即检验是否有变异，何处开始发生变异。水文序列的变异可以分为趋势性变异和突变性变异等。趋势性变异研究主要是采用过程线法、滑动平均法、中值检验法、线性趋势回归法等（谢平等，2014）对长时间序列水文气象资料进行统计分析。突变性变异研究是对流域水文序列变异点的识别与检验，主要的检测方法包括分形理论中的重标极差法（又称 R/S 分析法）（黄强等，2008；燕爱玲等，2007）、简单直观检测水文气象资料突变特征的 Mann-Kendall 检验法（王毓森等，2016；燕爱玲等，2015）、有序聚类法（李艳等，2013）、贝叶斯 Copula 法（熊立华等，2003；Perreault et al.，2000）、两阶段线性回归法（Zhang et al.，2009）和 Pettitt 检验法（陈占寿等，2014）等。复杂性理论中的复杂性测度也可以用于河川径流序列变异的诊断分析。黄强等（2016）总结了国内外检测水文序列突变的主要方法。以上研究认为，针对小数据量、小数据集的辨识和诊断，单一统计方法的检测能力不足，需要建立综合多种方法优点的稳健的辨识和诊断方法，并对其物理成因进行分析；基于水文序列观测值的统计分析方法通常只能对水文序列变异成因进行定性解释，难以辨别气候变化与下垫面变化对水文序列影响的程度。

水文过程是在一定的物理过程下相互作用的结果。依据有限长度的观测序列得出的水文频率计算结果，或是从数理统计的角度认识和揭示水文过程的复杂特性常常很难令人信服。加强数理统计分析和物理成因分析的应用及研究，能够综合发挥数理统计方法和水文物理模型的长处和优势，增强对水文过程复杂变化规律的了解，为水文研究工作提供技术支撑和科学依据（桑燕芳等，2013）。分布式水文模型可以模拟气候变化和不同类型下垫面变化对水文过程的影响，已成为研究气候及下垫面变化对水文水资源影响的强有力工具，特别适用于对变异成因的诊断以及辨识不同环境变化对水文变异的贡献。在预测气候变化如何影响水文过程及其分布规律方面，目前采用的方法是利用联合国政府间气候变化专门委员会（Intergovernmental Panel on Climate Change，IPCC）的预测数据，结合水文模型进行未来气候条件下的洪水过程模拟，再根据模拟序列进行统计分析，并与历史资料估计的概率分布进行对比，从而揭示水文变量统计变异规律。在下垫面变化对水文序列变异的辨识方面，土地利用/覆盖变化（包括植被变化）会对水文过程产生影响。然而，人类活动影响下水文效应机理的定量化研究、水文要素变异性识别的尺度问题与时空复杂性问题、下垫面变化对水文要素变异的驱动机理和贡献等方面的研究仍然不足。另外，土地利用/覆盖变化对水文极值的影响程度还没有达到共识（董磊华等，2012）。复杂下垫面参数变化分析，特别是变化环境下参数的动态分析还存在误差，评估结果存在不确定性，目前主要应用于短期影响评估，将其应用于长期变化环境下水文序列变异识别还面临挑战。因此，需进一步研究适应变化环境要求的水文模型，同时结合统计分析，才是未来识别变化环境下水文序列变异及其成因的重要方法。

综上所述，基于水文序列观测值的单一统计分析方法，其检测能力已经表现出不足，有必要建立水文序列变异诊断的理论体系。同时，将统计分析与水文模型相结合，分别辨别气候变化与下垫面变化对水文序列的影响程度，将成为水文水资源专业研究的重要方向。

1.3.3 渭河流域水文气象序列变异诊断现状

孙悦等（2013）对渭河流域 21 个气象站多年降水量资料的统计分析表明，自 20 世纪 60 年代以来，渭河流域的年平均降水量呈下降趋势，平均减幅约为 2mm/10a，且降水量季节变化特征明显；气温逐渐升高，冬春增温趋势明显；流域水面蒸发量呈现由南向北、由山区向平原递增的特点。占车生等（2012）利用渭河流域 21 个气象站 1958~2008 年的气象观测资料对渭河流域的气温和降水量进行突变分析，发现大部分站点气温突变出现在 20 世纪 90 年代之后，气温显著升高；降水量突变点较多，每个年代都有不同程度上的突变，60 年代和 90 年代尤为显著。黄生志等（2014）采用启发式分割和近似熵方法对渭河流域控制性水文站 1960~2005 年的径流序列进行诊断，结果表明张家山以上流域无变异点存在；林家村以上流域存在 1971 和 1994 年 2 个变异点；整个渭河流域存在 1969 和 1993 年两个变异点。黄强等（2014）研究了厄尔尼诺-南方涛动（EI-Nino Southern Oscillation，ENSO）事件与渭河流域径流序列变异的响应关系，结果表明 ENSO 事件与渭河流域径流量的丰枯变化和变异均有明显的对应关系。在人类活动影响方面，郭爱军等（2014）定量分析了渭河流域人类活动和气候变化对径流量的影响，发现由于 20 世纪 70 年代渭河流域开始实施大规模、频繁的水利水保措施，人类活动成为影响渭河流域径流量减少的主要因素。

综上所述，虽然目前已经开展了渭河流域水文气象序列的变异研究，但是对降水、蒸发、径流等序列的变异特征没有形成共识，缺乏降水-径流等水文气象序列关系变异的研究。在渭河下游淤积严重、容易小水大灾的背景下，迫切需要研究渭河的水文序列变异特征和原因，为渭河水利工程的设计和运行提供技术支撑。此外，对渭河流域开展研究有助于全面掌握水文序列变异驱动机制和规律，以及促进变化环境下水文序列变异理论和方法的发展。

1.3.4 目前研究的不足与发展趋势

在变化环境条件下，流域水文序列的变异已经普遍存在。资源性缺水的渭河流域呈现出水资源减少的趋势。目前，研究存在的不足主要表现在：虽然诊断水文序列变异的方法较多，但是各方法对变异的识别程度有限，而且从统计的角度来看，变异序列变化的可识别性是有限的，尚未形成系统的诊断体系和综合诊断方法；缺乏水文序列变异关系和成因分析；水文序列变异诊断的理论体系尚不完善。

目前，研究的发展趋势是：针对典型流域，开展工程水文设计所依赖的水文序列的非一致性研究，构建水文序列变异综合诊断体系，开展水文气象多变量关系变异诊断研究，从而推动变化环境下水文序列变异诊断理论体系的发展。

1.4 本书主要内容

本书主要研究对象是渭河流域，分析变化环境下其水文过程变异特征及演变规律，结合基于物理机制的分布式水文模型和基于时间序列的统计方法，揭示变化环境下非一致性水文序列的变异关系和成因，诊断降水-径流、降水-潜在蒸发等水文气象序列关系的变异，定量分析下垫面及气候变化对流域水文要素变异的影响，促进变化环境下流域水文序列的变异诊断理论方法和体系的发展。主要内容如下：

第 1 章简要地介绍水文序列变异和诊断的研究进展，对该领域重点、难点和热点进行归纳梳理，并对其中的问题进行梳理和评述。

第 2 章主要介绍渭河流域的基本概况，包括自然地理概况、气象和水文资料、水利工程和水资源开发利用情况等。

第 3 章重点分析渭河流域水文气象要素的基本变化规律。主要包括降水量、气温、蒸发量、径流量的空间分布、年内及年际变化、周期性、趋势性和持续性变化规律，降水量和径流量的丰枯变化规律，以及水文事件变化规律等。

第 4 章主要针对水文气象要素变异诊断定性和定量方法进行研究。采用 Mann-Kendall 突变检验法、累积距平法和有序聚类分析法对流域气象要素序列（降水量、气温和潜在蒸发量)以及水文要素序列(径流量)进行变异诊断分析。

第 5 章构建水文气象要素综合变异诊断体系。在定义变异点的基础上,提出水文序列变异综合诊断的理论与方法,将水文气象要素变异划分为 7 个等级,建立水文气象要素综合变异诊断体系,并用实例分析综合变异诊断的合理性。

第 6 章对水文气象序列关系进行变异诊断研究。分别采用阿基米德 Copula 函数、贝叶斯 Copula 函数及径流系数对渭河和泾河流域两变量水文气象要素进行变异诊断,同时基于气候变化和人类活动两方面分析发生变异的原因。

第 7 章揭示渭河流域气候变化和人类活动对径流变异的影响。基于水文法、Budyko 模型、VIC 模型及 SWAT 模型定量分解渭河流域气候变化和人类活动对于径流变异的贡献率,以确定渭河流域径流变异的主要驱动力。

第 8 章介绍径流对气候变化和人类活动的响应过程。采用任意情景法,设置 8 种气候情景;采用极端土地利用法,设置 5 种土地利用情景。利用校准后的 SWAT 模型,模拟得到不同气候和土地利用变化情景下的径流响应过程。

第 9 章对本书工作进行总结。

第2章　研究区域概况及基本资料

2.1　渭河流域自然地理概况

渭河发源于甘肃省渭源县鸟鼠山北侧，自西向东流经甘肃、宁夏、陕西三省（自治区），是黄河的第一大支流，全长818km，横穿关中腹地，在陕西省潼关县港口汇入黄河，流域面积为13.48万km²。上游为渭河流域宝鸡峡以上区域，属山区河流，河长430km，河道狭窄，水流湍急；中游为宝鸡峡至咸阳段，属山区-平原过渡段，河长180km，河道宽，多沙洲，水流分散；下游为咸阳至潼关入黄口，比降较小，河长208km，水流缓慢，河道内泥沙淤积严重（赵晶，2009）。

流域地形西高东低，高程相差3000m以上，地势由西向东逐步减缓，河道变宽，水流流速降低，泥沙淤积逐渐严重。流域地貌主要表现为黄土区地貌特征，由丘陵区、土石区、阶地区、河谷冲积平原区等组成，北靠六盘山，南接秦岭。流域水系呈扇状分布，北岸多为黄土塬区，南岸为秦岭山区，北岸面积明显大于南岸。

渭河流域处于干旱与湿润地区交接带，为大陆性季风气候，其多年平均年降水量为580mm，降水量呈现东南多、西北少、山区多、盆地少的特点。南部秦岭山区的降水量达到800mm以上，西部太白山和东部华山山区出现最大降水量，达到900mm以上，北洛河中上游及泾河的上游降水量较低，最低值为340mm左右，出现在西北部环县一带。流域降水量的年际变化较大，丰枯比例较大，年内分配不均，7~10月份降水量可占到全年的60%左右。

渭河是一条水量丰沛、多水多沙的河流，支流呈现南岸数量多、北岸流量大的特点。渭河流域最主要的两大支流是泾河和北洛河，分别占渭河流域面积的33.7%和20%。泾河是渭河第一大支流，发源于宁夏六盘山东麓泾源县境，流经甘肃省平凉市、陕西省彬州市（原彬县），于陕西省西安市高陵区（原高陵县）南入渭河，全长455km，流域面积4.54万km²。马莲河、蒲河、黑河等是泾河的主要支流，地貌特征主要为山区、丘陵、高原、平原。泾河流域为大陆性季风气候，其降水量和气温均呈现从南向西逐步递减的趋势，年均气温为10℃左右，年均降水量为550mm，年潜在蒸发量为1100mm左右，径流量在年内分配极不均匀，导致洪水、干旱频发，水土流失加重，含沙量增高，成为渭河主要的洪水、泥沙来源地之一。北洛河发源于陕西省定边县白于山南麓，流经吴起县、甘泉县，于大荔县入渭河，为渭河第二大支流，全长 680km，流域面积 2.69 万 km²，其中黄土丘陵区占 71%，多分布在上游，沟深坡陡，植被稀少，水土流失严重；黄土塬区占 25%，分布在中游；下游属关中盆地。北洛河的水土流失严重，其年径流量为 9.97 亿 m³，而年输沙量将近 1.0 亿 t。北洛河流域为大陆性季风气候，年均降水量为 520mm 左右，年潜在蒸发量为 1100mm 左右，多发暴雨，降水主要集中在 7～9 月份。渭河流域分布如图 2.1 所示。

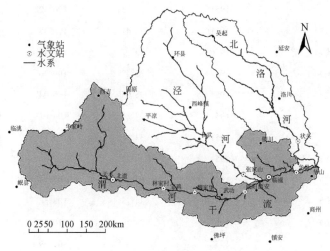

图 2.1 　渭河流域分布图

2.2 　渭河流域气象水文资料

2.2.1 　气象资料

采用渭河流域 21 个国家标准气象站、渭河流域周边地区 9 个国家标准气象站 1960～2011 年降水量、气温等资料 [来自中国气象数据网（http://data.cma.cn/）]，各气象站资料见表 2.1 和表 2.2。

表 2.1 　渭河流域国家标准气象站资料

站点	建站年份	站点位置		
		北纬	东经	高程/m
临洮（甘）	1951	35°21′	103°51′	1893.8
华家岭（甘）	1951	35°23′	105°00′	2450.6
吴起（陕）	1956	36°55′	108°16′	1331.4
固原（宁）	1956	36°00′	106°16′	1753.0

站点	建站年份	站点位置		
		北纬	东经	高程/m
环县（甘）	1957	36°35′	107°18′	1255.6
延安（陕）	1951	36°36′	109°30′	958.5
西吉（宁）	1957	35°58′	105°43′	1916.5
平凉（甘）	1951	35°33′	106°40′	1346.6
西峰镇（甘）	1951	35°44′	107°38′	1421.0
长武（陕）	1956	35°12′	107°48′	1206.5
洛川（陕）	1954	35°49′	109°30′	1159.8
铜川（陕）	1955	35°05′	109°04′	978.9
岷县（甘）	1951	34°26′	104°01′	2315.0
天水（甘）	1951	34°35′	105°45′	1141.7
宝鸡（陕）	1951	34°21′	107°08′	612.4
武功（陕）	1954	34°15′	108°13′	447.8
西安（陕）	1951	34°18′	108°56′	397.5
华山（陕）	1953	34°29′	110°05′	2064.9
佛坪（陕）	1957	33°31′	107°59′	827.2
镇安（陕）	1957	33°26′	109°09′	693.7
商州（陕）	1953	33°52′	109°58′	742.2

表 2.2　渭河流域周边地区国家标准气象站资料

站点	建站年份	站点位置		
		北纬	东经	高程/m
景泰（甘）	1956	37°11′	104°03′	1630.9
靖远（甘）	1951	36°34′	104°41′	1398.2
榆中（甘）	1951	35°52′	104°09′	1874.4
中宁（宁）	1953	37°29′	105°41′	1183.4
盐池（宁）	1954	37°48′	107°23′	1349.3
横山（陕）	1954	37°56′	109°14′	1111.0
绥德（陕）	1953	37°30′	110°13′	929.7
海源（宁）	1957	36°34′	105°39′	1854.2
同心（宁）	1955	36°58′	105°54′	1339.3

2.2.2　水文资料

渭河流域 1960～2010 年 8 个水文站的资料见表 2.3。渭河流域 8 个水文站控制子流域为研究区，分为：北道以上，北道-林家村，林家村-魏家堡，魏家堡-咸阳，咸阳-临潼，临潼-华县，泾河流域张家山以上，北洛河流域状头以上。

表 2.3　渭河流域主要水文站资料

站点	控制面积/m²	建站年份	站点位置	
			东经	北纬
北道	24871	1944	—	—
林家村	30661	1934	107°00′	34°21′
魏家堡	37006	1937	107°45′	34°15′
咸阳	46827	1931	108°42′	34°17′
临潼	97299	1961	109°12′	34°26′
华县	106498	1935	109°42′	34°44′
张家山	43216	1932	108°35′	34°35′
状头	26700	1933	—	—

2.3　渭河流域水利工程及水资源开发利用资料

2.3.1　水利工程资料

1）黑河金盆水库

黑河金盆水库地处渭河一级支流黑河黑峪口以上 1.5km 处，距离西安市 86km。该水库是一项以城市供水为主，同时具有灌溉、发电、防洪等综合利用功能的大（2）型水利枢纽工程，由挡水建筑物、泄水建筑物以及引水发电系统组成。水库坝高为 130m，总库容为 2.0 亿 m³，有效库容为 1.77 亿 m³，城市年供水量为 3.05 亿 m³，日平均供水量为 76 万 m³；农灌年供水量为 1.23 亿 m³，灌溉农田 37 万亩（1 亩≈666.67m²），电站装机容量为 20MW。黑河金盆水库是西安市主要地表水源地之一（姜瑾，2009；赵晶，2009）。

2）石砭峪水库

石砭峪水库地处渭河二级支流石砭峪口，距离西安市 35km。该水库原设计是以灌溉为主，兼顾防洪发电等综合功能的中型水库，主要由挡水建筑物、输水洞、泄洪洞以及两级电站组成。水库坝高为 85m，总库容为 0.281 亿 m³，有效库容为 0.251 亿 m³，灌溉面积为 19.7 万亩。为了解决西安市用水危机，1990 年底将石砭峪水库作为西安市供水水源之一，缓解城市用水。为了增加石砭峪水库向西安市的供水量，在 2005 年建成引乾济石工程，其多年平均调水量为 0.548 亿 m³。该工程通过 30.18km 的输水线路，从汉江二级支流乾佑河引水，自流调水入石砭峪水库，和石砭峪水库联合调节为西安市供水（姜瑾，2009；赵晶，2009）。

3）李家河水库

李家河水库供水工程联合利用辋川河、岱峪等流域的水资源，主要以西安市、阎良区、蓝田县城供水为主，同时具备发电功能的中型水库。李家河水库地处渭河二级支流辋川河中游，距离西安市约 68km。水库坝高为 98.5m，总库容为 0.569 亿 m³，有效库容为 0.452 亿 m³（姜瑾，2009；赵晶，2009）。

4）石头河水库

石头河水库地处渭河一级支流石头河斜峪关，建于 20 世纪 70 年代后期，于 1981 年开始蓄水，原设计是以灌溉为主，兼顾发电的大（2）型水利枢纽工程，其总库容为 1.47 亿 m³，有效库容为 1.2 亿 m³，灌溉面积为 22 万亩，装机容量为 1.65 万 kW。为了缓解西安市供水紧张的局面，于 1996 年开始年向西安市供水。

引红济石工程位于陕西省宝鸡市太白县境内，是陕西省"十二五"十大重点水利工程之一。2018 年 12 月 20 日引红济石工程在宝鸡市太白县正式通水，有效缓解了关中地区严重缺水的局面，改善了渭河生态环境。引红济石工程通过 19.7km 的秦岭隧道，把汉江北岸的红岩河水自流调入石头河，与石头河水库联合调度向关中城市供水。引红济石工程是陕西省目前投入使用的规模最大、引水量最多的南水北调工程，每年可向关中地区的西安、宝鸡、咸阳、杨凌等地提供 0.92 亿 m³ 的水源。工程设计最大引水流量 13.5m³/s，设计年调水量 0.92 亿 m³，经石头河水库调蓄后，水库年供水能力达到 2.66 亿 m³，并向渭河干流补充生态水量 0.47 亿 m³。

5）涧峪水库

涧峪水库地处渭河一级支流赤水河上游支流涧峪河上，于 2007 年建成，是以城市供水、灌溉、防洪为主，同时具备发电功能的综合利用中型水库，其设计灌溉面积为 5.24 万亩。水库在西涧峪河口以上 280m 处，水库坝高为 77.8m，总库容为 0.128 亿 m³，有效库容为 0.111 亿 m³。

6）冯家山水库

冯家山水库位于渭河北岸支流千河干流的下游，距河口 25km，地处凤翔县、陈仓区、千阳县三县（区）交界，是一座以灌溉为主，同时具备防洪、发电等综合利用功能的大（2）型工程，其设计灌溉面积为 136 万亩，水库设计总库容为 3.89 亿 m³（2003 年大坝加固后设计总库容达 4.13 亿 m³），有效库容为 2.86 亿 m³。

7）羊毛湾水库

羊毛湾水库位于陕西省咸阳市境内漆水河中游，龙岩寺以上 10km。该水库是一座以灌溉为主，同时具有防洪、养殖等功能的大型水利工程，总库容为 1.2 亿 m³，正常蓄水位为 635.9m，有效库容为 5220 万 m³，有效灌溉面积为 24 万亩。该水利工程建成于 1970 年，并于 1986 年、2000 年进行了除险加固，在 1995 年建成了引冯济羊输水工程后，由冯家山水库向羊毛湾水库每年输水 3000 万 m^3，从而有效地解决了水库水资源不足的问题。

8）三原西郊水库

三原西郊水库是泾惠渠灌区的一项调蓄工程，设计为中型水库，位于清峪河、冶峪河交汇口以下 5.6km 的清河干流上。该工程包括大坝、溢洪道、放水泄洪排沙洞及坝后抽水站等。水库大坝为碾压式均质土坝，坝高为 34.88m，坝长为 183m，总库容为 3810 万 m^3，兴利库容为 1860 万 m^3，死库容为 300 万 m^3，年可调节水量为 3400 万 m^3。规划扩灌三原肖李村灌区和徐木灌区耕地 3.24 万亩，改善泾惠渠 20.7 万亩耕地用水状况，缓解泾惠渠灌区水源不足的矛盾。

9）南沟门水库

南沟门水库位于洛河流域最大支流葫芦河口，控制流域面积为 5449km^2。葫芦河流域上、中游植被良好，是洛河流域中一条清水河流。水库多年平均可调节水量为 1.46 亿 m^3。该工程以工业（规划建设黄陵火电厂一期装机 120 万 kW，二期装机 240 万 kW）和城镇供水为主，同时兼顾下游生态用水和灌溉补水。电厂及城镇工业年供水 7600 万 m^3，解决 65 万人畜饮水问题，改善生态环境，退耕还林 4.5 万亩，用水 1350 万 m^3，向下游灌区补充地表水 3650 万 m^3。水库坝高为 64m，均质土坝，总库容为 1.89 亿 m^3，调节库容为 1.39 亿 m^3。引洛入葫工程低坝引水枢纽工程规模小，主要隧洞工程长 6.8km，设计流量为 10m^3/s。

10）东庄水库

东庄水库是一座以防洪、城市供水、灌溉为主，同时具备发电和减淤功能的大（1）型水利工程。总库容为 15.16 亿 m^3，其中调洪库容为 7.76 亿 m^3，调水调沙库容为 5.63 亿 m^3，死库容为 1.77 亿 m^3。水库枢纽工程由拦河坝、溢洪道、泄洪洞、排沙洞、灌溉引水发电系统五部分组成，拦河坝最大坝高为 160.5m，可缓解西安市阎良区航空工业基地、西安泾河工业园区、铜川市及灌区内五座县城、91 个乡镇 187 万人和 116 万头牲畜的饮水困难，改善生活条件，加快城镇化进程。

11）亭口水库

亭口水库位于陕西省长武县县城东南亭口镇以上 1km 处的泾河支流黑河上，是一座以彬州市煤田等工业供水和防洪为主，同时具备发电和水产养殖功能的综合利用大型水库。亭口水库由大坝、溢洪道、泄洪排沙洞、输水发电洞以及坝后电站组成，规划坝高为 53m，总库容为 3.03 亿 m^3，兴利库容为 2.07 亿 m^3，工程总投资为 5.99 亿元。该工程实施后，可在初期每年向工业供水 0.59 亿 m^3，后期年供水达 1.13 亿 m^3，并可为长武塬 9.5 万亩生态农业供水。

12）桃曲坡水库

桃曲坡水库位于渭北石川河支流沮水河下游，坝址距铜川市耀州区（原耀县）

城区 15km。水库总库容为 5720 万 m^3，兴利库容为 3602 万 m^3，正常蓄水位为 788.5m，多年平均径流量为 6686 万 m^3。该水库是一座以灌溉为主，同时具备城市供水、防洪、多种经营等综合利用功能的中型水库，设计灌溉面积为 31.83 万亩。

13）石堡川水库

石堡川水库位于洛川县石头镇盘曲河村附近的石堡川河干流上，坝址以上多年平均径流量为 2.41 亿 m^3，总库容为 6220 万 m^3，有效库容为 3235 万 m^3。主要用于灌溉，总设计灌溉面积为 31 万亩，其中澄城县 19 万亩，白水县 12 万亩。

14）尤河水库

尤河水库地处渭南市南 5km 处的蒋家村，是沈河上的一座中型水库，控制流域面积为 224km²，进库站位于坝址上游 3.5km 处，控制流域面积 179km²。水库原设计有效库容 1165 万 m^3，总库容 2430 万 m^3，坝高 32m，坝顶高程 403m。有效灌溉面积 5.06 万亩，旱涝保收面积 3.84 万亩。

2.3.2　水资源开发利用资料

渭河流域水资源开发历史悠久，渭河的关中段目前是陕西省水利化程度最高的地区之一。该地区已经基本形成了以自流引水为主，蓄、引、提、井相互结合，联合运用地表水与地下水的水利工程灌溉网络，有一部分水利工程已经实现联网调度。到 2010 年为止，渭河关中段已建成大、中、小（1）型蓄水工程 399 座，总库容为 21.07 亿 m^3，有效库容为 13.82 亿 m^3。其中，石头河、冯家山和羊毛湾三座大型水库的总库容达到 6.56 亿 m^3，有效库容达到 4.59 亿 m^3；已建成引水工程 1130 处，设计供水能力 20.17 亿 m^3。已建成大、中、小抽水工程 5855 处，机电井 12.90 万眼，其中配套 12.59 万眼，设计供水能力 26.58 亿 m^3；已建成污水处理及中水回用项目 15 个，日处理污水能力 81.8 万 t，中水回用 17 万 t，集雨工程 42.4 万座，总容积约 4183 万 m^3。

1980～2010 年渭河流域关中地区供水量维持在 50 亿 m^3 左右，由于来水减少、供水能力衰减等原因，地表水供水量呈现出降低的趋势，由 1980 年的 26.68 亿 m^3 下降到 2007 年的 20.46 亿 m^3，且地表水供水量占总供水量的比例逐年降低，由 1980 年的 53%下降到 2007 年的 43%。主要原因是许多地表水源工程于 20 世纪 30～40 年代建成，供水能力衰减，且在 19 世纪 90 年代时泾、洛、渭河来水减少，从而使得水源工程达不到设计规模。地下水的供水量呈现出先增加后减少的趋势，由 1980 年的 23.54 亿 m^3 上升到 2003 年的 31.89 亿 m^3，以后逐年减少，到 2010 年为 26.29 亿 m^3，供水比例也是先增后减。

1980～2010 年渭河流域用水量变化幅度不大。由于资源性缺水、水源工程建设相对滞后、城市挤占农业用水等原因，总用水量增长缓慢，但用水结构有较大变化，农业用水呈逐年降低趋势，生活和工业用水则有增加趋势。

从表 2.4 和表 2.5 可以看出，渭河流域人均综合用水量远低于国内一般水平。万元 GDP 用水量与全国平均水平、黄河流域水平相比，属高效用水地区。农田实际灌溉用水定额均低于全国和黄河流域总体水平，接近海河流域水平，灌溉水利用系数均高于全省和全国水平。工业万元增加值用水量和重复利用率在黄河流域和西北地区属于较高水平，但与海河流域相比还有一定差距。城市生活用水定额低于海河流域，也低于黄河流域、全国平均水平。

表 2.4　渭河流域用水量统计表　　　　　（单位：万 m³）

水资源四级分区	生活用水量		生产用水量							河道外生态用水量	总用水量
	城镇	农村	农业		工业		建筑业	服务业			
			农田灌溉	林牧渔畜	小计	火电					
北洛河南城里-状头	1118	655	5598	2927	1533	113	91	106	14	12042
泾河张家山以上	589	1500	3305	1912	1478	873	85	95	12	8976
宝鸡峡以上北岸	51	151	156	30	131	0	4	2	1	526
宝鸡峡以上南岸	0	42	34	11	17	0	1	2	0	107
宝鸡峡-咸阳北岸	7281	6642	72477	13142	18942	3219	1203	1516	1494	122697
宝鸡峡-咸阳南岸	3114	2590	22452	5045	6057	2015	279	385	528	40450
咸阳-潼关北岸	5135	6600	92801	8433	11718	1111	565	1505	673	127430
咸阳-潼关南岸	19716	4589	55414	5903	39400	3784	2625	8582	3796	140025
龙门-潼关干流区间	567	1089	13333	2649	3451	973	49	75	6	21219
潼关-三门峡干流区间	26	111	528	12	229	0	2	8	1	917
合计	37597	23969	266098	40064	82956	12088	4904	12276	6525	474389

表 2.5　关中地区 2005～2007 年用水水平与其他区域对比表

项目	综合指标		农业		工业		生活		
	人均综合用水量/(m³/人)	万元 GDP 用水量/(m³/万元)	农田灌溉亩均实际用水量/(m³/亩)	灌溉水利用系数	万元工业增加值用水量/(m³/万元)	重复利用率/%	城镇生活用水量/[l/(d·人)]	管网漏失率/%	农村生活用水量/[l/(d·人)]
关中地区 2005年	240	214	264	0.5	147	50	99	18	49
2006年	217	177	285	0.5	93	50	95	17	52
2007年	202	136	275	0.51	62	51	92	15	53
黄河流域	0.73	275	405	0.48	1.48	50	152	—	45
海河流域	283	147	256	—	66	—	173	—	78
全国	442	229	434	0.4～0.5	131	53	211	—	71
发达国家	598	140	—	0.7～0.8	19～60	75～85	160～260	5	—

渭河流域属于资源性缺水的地区，随着经济快速发展、城镇规模不断扩大、人口逐渐增加，缺水问题越来越严重。在枯水期内，渭河陕西境外的来水减少，且有发电和灌溉用水，而干流除了少量南山支流清水汇入，基本没有生态水汇入，下游逐渐增加的水量大多来自沿途排入的城镇工业废水和生活污水。在用水的高峰季节，河道经常发生断流现象，生态用水变得更加短缺。

本章主要介绍了渭河流域的自然地理概况，收集了流域水文气象资料、水利工程及水资源开发利用资料，并对资料进行了简单的分析整理，为后续研究提供必要的数据支撑。

第3章 水文气象要素特征及演变规律分析

3.1 研 究 方 法

3.1.1 小波分析方法

本书利用连续小波分析方法确定水文气象序列的周期。对于径流量和时间之间的关系，采用小波分析方法，将其变换为径流量频数和时间之间的连续小波关系。小波分析方法将序列的频域描述转化为时域描述，其步骤是：首先，依据方差贡献大小，将不同频率的振动分解并处理；其次，选取主频；最后，通过分析周期与频率之间的关系变化，确定水文气象序列的周期。

墨西哥帽状小波：

$$\psi(t) = (1-t^2)\frac{1}{\sqrt{2\pi}}\mathrm{e}^{-\frac{t^2}{2}}, -\infty \leqslant t \leqslant \infty \qquad (3.1)$$

函数 $f(t)$ 小波变换的连续形式：

$$\omega_{\mathrm{f}}(a,b) = |a|^{-\frac{1}{2}}\int_R f(t)\overline{\psi}\left(\frac{t-b}{a}\right)\mathrm{d}t \qquad (3.2)$$

函数 $f(t)$ 小波变换的离散形式为

$$\omega_{\mathrm{f}}(a,b) = |a|^{-\frac{1}{2}}\Delta t\sum_{i=1}^{\mathrm{n}} f(i\Delta t)\psi\left(\frac{i\Delta t-b}{a}\right) \qquad (3.3)$$

式（3.1）～式（3.3）中，t 表示时间；a、b 为实数，a 为伸缩系数且 $a>0$，也称小波尺度，b 为平移因子；$f(t)$ 为函数，表示径流序列和时间的关系，在实际应用中，径流-时间的关系函数一般为离散的点，在历时较长的水文序列中，可以从宏观上认为径流-时间函数是连续的。

3.1.2 Mann-Kendall 趋势检验法

Mann-Kendall 趋势检验法属于非参数统计检验方法之一。非参数检验方法又称为无分布检验，由于其具有不需样本服从特定分布的优点，同时使用中不受少数异常值的干扰，且计算更为简单，因此较适用于类型变量和顺序变量。Mann-Kendall 趋势检验法可用于检验时间序列的趋势性。假设存在时间序列 $X=$

$(x_1, x_2, x_3, \cdots, x_n)$（$n$ 为变量的个数），建立标准正态分布统计量 Z：

$$Z = \begin{cases} \dfrac{S-1}{\sqrt{\text{Var}(S)}}, & S > 0 \\ 0, & S = 0 \\ \dfrac{S+1}{\sqrt{\text{Var}(S)}}, & S < 0 \end{cases} \tag{3.4}$$

其中

$$S = \sum_{i=1}^{n-1} \sum_{j=i+1}^{n} \text{sgn}(x_j - x_i) \tag{3.5}$$

$$\text{sgn} = \begin{cases} +1, & (x_j - x_i) > 0 \\ 0, & (x_j - x_i) = 0 \\ -1, & (x_j - x_i) < 0 \end{cases} \tag{3.6}$$

$$\text{Var}(S) = [n(n-1)(2n+5) - \sum_{k=1}^{m} t_k(t_k-1)(2t_k+5)]/18 \tag{3.7}$$

式中，S 为统计量，当 $n>10$，S 近似服从正态分布；$\text{Var}(S)$ 为方差；m 为数据相同的组数；t_k 为与第 k 组的数据相同的个数。

给定显著性水平 α，若 $|Z| \geqslant Z_{1-\alpha/2}$，则原假设不成立，说明该水文气象序列具有显著的变化趋势；若 $Z>0$，说明该序列上升趋势显著；若 $Z<0$，说明该序列下降趋势显著。若 $|Z| \leqslant Z_{1-\alpha/2}$，则原假设成立，说明该序列变化趋势不显著；若 $Z>0$，说明该水文气象序列上升趋势不显著；若 $Z<0$，说明该水文气象序列的下降趋势不显著。本书取 $\alpha=0.05$，查临界值表得 $Z_{1-\alpha/2}=\pm1.96$。

3.1.3　*R/S* 分析法

20 世纪早期，Hurst 在研究尼罗河公元 622～1469 年的泛滥记录时，发现尼罗河整个泛滥过程遵循某种规律形成一定的循环，在此种情况之下，他提出了 *R/S* 分析法。随后，*R/S* 分析法被广泛地应用于天文、地理、气象、金融等领域。

一般情况下，若所研究的序列属于随机序列，遵循一定的统计规律，通过传统的数理统计方法足以有效地解决问题；但当序列表现出非线性的特点时，传统方法分析明显不足，需要引进非参数的统计方法来进行计算。利用 *R/S* 分析法分析径流序列的特性，则是对该非参数统计方法的较好应用。*R/S* 分析法的最大优势在于：*R/S* 测度时间序列无须遵循特定分布特征，即无论水文序列是否遵循统计规律，不影响 *R/S* 分析法计算结果的稳定性。*R/S* 分析法基本原理如下。

假设存在一个时间序列 $\{\xi(t)\}$，$t=1, 2, \cdots, n$，取任意正整数 $\tau \geqslant 1$，定义如下

相关统计量。

均值序列：

$$\xi(t)_\tau = \frac{1}{\tau}\sum_{t=1}^{\tau}\xi_t, \quad \tau = 1,2,\cdots,n \tag{3.8}$$

累计离差：

$$x(t,\tau) = \sum_{u=1}^{t}[\xi(u)-\xi(t)], \quad 1 \leqslant t \leqslant \tau \tag{3.9}$$

极差：

$$R(\tau) = \max_{1\leqslant t\leqslant\tau}(t,\tau) - \min_{1\leqslant t\leqslant\tau}(t,\tau), \quad \tau = 1,2,\cdots,n \tag{3.10}$$

标准差：

$$S(\tau) = \left\{\frac{1}{t}\sum_{t=1}^{\tau}[\xi(t)-\xi(\tau)]^2\right\}^{1/2} \tag{3.11}$$

令 $R(\tau)/S(\tau) = R/S$，存在关系：

$$R/S \propto \tau^{H} \tag{3.12}$$

式中，H 为 Hurst 指数值。对式（3.12）取对数：

$$\ln(R/S) = H\ln\tau \tag{3.13}$$

式中，H 值可由 $(\tau, R/S)$ 得，即通过最小二乘拟合法在双对数坐标系 $(\ln\tau, \ln R/S)$ 中计算得到。

Hurst 指数法通过计算水文序列的 Hurst 指数值 H 来判断序列是否变异及其变异程度。Hurst 指数常用来定量表征序列的长期相关性。

Hurst 指数性质如下：

（1）当 $H = 0.5$ 时，水文序列独立同分布，为一般的布朗运动，呈现随机游走的特点，相邻变量之间相关系数为零，未来状态不受当前状态的影响。

（2）当 $0.5 < H < 1$ 时，说明水文序列具有长期相关性，变化具有持续的特点，未来的变化与过去的总体趋势相同。从理论上讲，当前水文序列的变化趋势将对未来的变化趋势产生持续的影响，即过去一个时间段的时间序列呈现上升（下降）的趋势，那么未来一个时间段的时间序列也具有同样的趋势。H 值越接近 1，时间序列的正持续性程度越强，即序列的长记忆性（长程相关性）越强；反之越接近 0.5，正持续性越弱。

（3）当 $0 \leqslant H < 0.5$ 时，说明水文序列存在长期相关的特点，但未来的总体变化趋势与过去一段时间的变化趋势相反，时间序列表现为负的持续性，又称反持续性。相邻变量之间为负相关的关系，具体表现在，某一时间序列在某时刻表现为正（负）的持续性，那么在下一时刻，序列表现为负（正）的持续性。H 越接近 0，序列表现的反持续性越强。

3.1.4　对立统一与质量互变定理

令论域 U 中元素 u 的对立基本模糊属性为 A 与 A^c，对立基本模糊属性的相对隶属度为 $\mu_A(u)$ 和 $\mu_{A^c}(u)$，且 $\mu_A(u) + \mu_{A^c}(u) = 1$。定义相对差异度 $D(u) = \mu_A(u) - \mu_{A^c}(u)$。对 u 作 C 变换，变换后的相对隶属度与相对差异度分别为 $\mu_A[C(u)]$、$\mu_{A^c}[C(u)]$ 与 $D[C(u)]$，且 $D[C(u)] = \mu_A[C(u)] - \mu_{A^c}[C(u)]$，当 $D(u) \neq 0$ 时（雷江群等，2014），有以下讨论。

若有不等式：

$$D(u) \cdot D[C(u)] < 0, \quad D[C(u)] \neq 1, 0, -1 \tag{3.14}$$

则为渐变式质变。

若有等式：

$$D(u) \cdot D[C(u)] = \pm D(u) \tag{3.15}$$

则为突变式质变。

若有等式：

$$D(u) \cdot D[C(u)] = 0 \tag{3.16}$$

则变化至动态平衡点，或渐变式质变点的临界点，系统处于动态平衡状态（雷江群等，2014）。

若有不等式：

$$D(u) \cdot D[C(u)] > 0, \quad D[C(u)] \neq 1, 0, -1 \tag{3.17}$$

则为量变（陈守煜，2010）。

对于干旱体系的评价，质变一般发生在整体体系中最旱或最不旱年份前后，量变可发生在除质变之外的其他年份。

3.1.5　基于对立统一与质量互变定理的可变模糊评价法

设多个级别 h（$h=1$，2，$\cdots$，c）和多个指标 i（$i=1$，2，$\cdots$，m）的指标标准值矩阵为

$$Y = \begin{bmatrix} < a_{12} & [a_{12}, b_{12}] & \cdots & [a_{1(c-1)}, b_{1(c-1)}] & > b_{1(c-1)} \\ > a_{22} & [a_{22}, b_{22}] & \cdots & [a_{2(c-1)}, b_{2(c-1)}] & < b_{2(c-1)} \\ \vdots & \vdots & & \vdots & \vdots \\ < a_{m2} & [a_{m2}, b_{m2}] & \cdots & [a_{m(c-1)}, b_{m(c-1)}] & > b_{m(c-1)} \end{bmatrix} \tag{3.18}$$

为了计算方便，将式（3.18）的矩阵进行转化，令

$$
\begin{cases}
y_{i1} = a_{i2} \\
y_{ih} = \dfrac{a_{ih} + b_{ih}}{2}, \quad h = 2,3,\cdots,(c-1) \\
y_{ic} = b_{i(c-1)}
\end{cases}
\tag{3.19}
$$

则有指标标准值矩阵：

$$
Y = \begin{bmatrix}
y_{11} & y_{12} & \cdots & y_{1c} \\
y_{21} & y_{22} & \cdots & y_{2c} \\
\vdots & \vdots & & \vdots \\
y_{m1} & y_{m2} & \cdots & y_{mc}
\end{bmatrix} = (y_{ih})
\tag{3.20}
$$

令待评对象 u 的指标 i 的特征值 x_i 落入 h 与（$h+1$）级的标准值矩阵区间为 $[y_{ih}, y_{i(h+1)}]$，则 x_i 对 h 级的相对隶属度为

$$
\mu_{ih}(u) = \frac{y_{i(h+1)} - x_i}{y_{i(h+1)} - y_{ih}}, \quad h = 1,2,\cdots,(c-1)
\tag{3.21}
$$

计算待评对象 u 对级别 h 的相对隶属度：

$$
v_h(u) = \sum_{i=1}^{m} \omega_i \cdot \mu_{ih}(u)
\tag{3.22}
$$

式中，ω_i 为指标 i 的权重，且 $\sum_{i=1}^{m} \omega_i = 1$。

计算待评对象 u 的级别特征值：

$$
H(u) = \sum_{h=1}^{c} v^0(u) \cdot h
\tag{3.23}
$$

确定 u 的综合相对隶属度：

$$
\mu_H(u) = \frac{c - H(u)}{c - 1}
\tag{3.24}
$$

根据质量互变定理式（3.14）～式（3.17）可对干旱系统进行分析评价（陈守煜等，2011）。

3.2　渭河流域降水量演变规律

3.2.1　降水量空间分布

渭河流域降水量空间分布差异显著，呈现出山区高于平原，由南向北递减的特点。图 3.1 为渭河流域降水量空间分布图。渭河流域多年平均降水量大于 550mm，且降水量随地形升高而增加；关中平原地区降水量为 500～700mm，自西向东逐渐递减，西部约为 700mm，东部小于 550mm，降水量最少的地区是北洛河的中上游地区

与泾河上游地区，为 300～400mm。

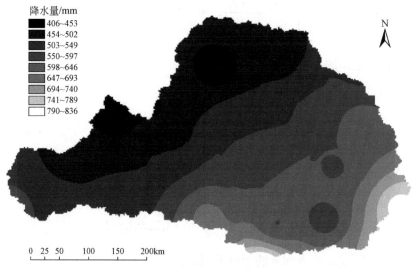

图 3.1　渭河流域降水量空间分布图

3.2.2　降水量年内、年际变化

渭河流域多年月平均降水量分配见图 3.2，季平均降水量分配情况如图 3.3 所示。由图可知，流域内多年平均降水量具备年内分配不均的特点，降水主要集中于 7～10 月（汛期），全流域降水量整体呈现出下降趋势。降水量季节分布差异较大，夏季多而冬季少。

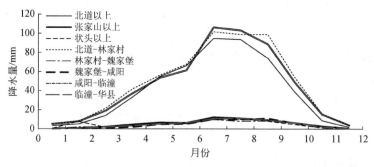

图 3.2　渭河流域多年月平均降水量分配

渭河流域降水量年际变化特征值见表 3.1。变差系数 C_v 的变化范围为 0.174～0.244，离散程度较小；偏态系数 C_s 的变化范围为 0.200～0.676，遵循正偏分布。各区年降水量极值比（极大值/极小值）都较小，变化范围为 2.19～2.72，其中，极值比最小为北道以上区域（2.19），极值比最大为咸阳-临潼区域（2.72）。

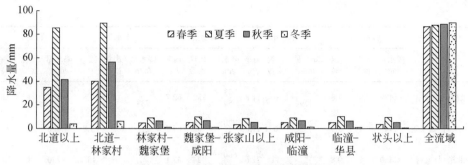

图 3.3　渭河流域季平均降水量分配

表 3.1　渭河流域降水量年际变化特征值（樊晶晶，2016）

区域	C_v	C_s	年降水量					
			均值/mm	极小值/mm	极小值/均值	极大值/mm	极大值/均值	极大值/极小值
临潼-华县	0.174	0.200	660.6	403.6	0.61	960.9	1.45	2.38
咸阳-临潼	0.199	0.676	617.6	361.9	0.59	985.4	1.60	2.72
魏家堡-咸阳	0.208	0.577	652.5	390.8	0.60	1029.8	1.58	2.64
林家村-魏家堡	0.224	0.438	631.1	366.7	0.58	943.7	1.50	2.57
北道-林家村	0.200	0.292	575.0	437.1	0.76	975.8	1.70	2.23
北道以上	0.188	0.362	494.7	333.0	0.67	730.1	1.48	2.19
张家山以上	0.196	0.556	514.1	343.6	0.67	794.1	1.54	2.31
状头以上	0.175	0.542	562.5	380.9	0.68	859.8	1.53	2.26
全流域	0.176	0.501	551.0	367.0	0.67	806.9	1.46	2.20

3.2.3　降水量丰枯变化

　　不同丰枯年时，渭河流域降水量的取值范围、出现次数及频率见表 3.2。由表可知，全流域降水量特丰年和特枯年的出现频率分别约为 10%和 6%；枯水年的出现频率约为 10%；丰水年的出现频率约为 14%；平水年的出现频率约为 61%，属频率最大年。

表 3.2　渭河流域降水量丰枯变化

区域	特枯年			枯水年			平水年			丰水年			特丰年		
	降水量/mm	出现次数	频率/%	降水量/mm	出现次数	频率/%	降水量/mm	出现次数	频率/%	降水量/mm	出现次数	频率/%	降水量/mm	出现次数	频率/%
全流域	<425	3	5.9	472～425	5	9.8	610～472	31	60.8	683～610	7	13.7	>687	5	9.8
临潼-华县	<504	6	11.8	573～504	5	9.8	743～574	28	54.9	824～743	7	13.7	>825	5	9.8
咸阳-临潼	<460	4	7.8	520～460	5	9.8	689～520	30	58.8	783～689	9	17.6	>784	3	5.9

续表

区域	特枯年			枯水年			平水年			丰水年			特丰年		
	降水量/mm	出现次数	频率/%	降水量/mm	出现次数	频率/%	降水量/mm	出现次数	频率/%	降水量/mm	出现次数	频率/%	降水量/mm	出现次数	频率/%
魏家堡-咸阳	<479	4	7.8	544~479	6	11.8	733~545	32	62.7	838~733	5	9.8	>838	4	7.8
林家村-魏家堡	<447	3	5.9	520~447	6	11.8	720~520	33	64.7	828~720	4	7.8	>828	5	9.8
北道-林家村	<450	5	9.8	510~450	11	21.6	660~510	24	47.1	750~660	7	13.7	>750	4	7.8
北道以上	<378	4	7.8	428~378	9	17.6	562~428	26	51.0	632~562	8	15.7	>632	4	7.8
张家山以上	<390	4	7.8	438~390	8	15.7	581~438	28	54.9	662~581	6	11.8	>662	5	9.8
状头以上	<435	4	7.8	484~435	5	9.8	628~486	31	60.8	704~628	6	11.8	>705	5	9.8

注：年降水量经验频率>90%时为特枯年，在 75%~90%时为枯水年，在 25%~75%时为平水年，在 10%~25%时为丰水年，<10%时为特丰年。

3.2.4　降水量周期性变化

本书取渭河流域降水序列，运用连续小波分析方法，分析其周期变化，结果如表 3.3 所示。总体来看，渭河流域各分区的长中短周期较为一致，各站均存在短周期为 4 年、中周期为 16 年左右和长周期为 26 年左右的周期变化。

表 3.3　渭河流域降水序列的周期变化（樊晶晶，2016）

站名	周期/年		
	中周期	短周期	长周期
华县	15	4	25
临潼	16	4	26
咸阳	16	4	27
魏家堡	16	4	27
林家村	15	4	26
北道	16	4	27
张家山	15	4	27
状头	15	4	26
全流域	16	4	27

3.2.5　降水量趋势性、持续性变化

本书运用 Mann-Kendall 趋势检验法分析降水序列的趋势性，并结合 R/S 分析法分析降水序列的持续性，分析结果见表 3.4。由表可知，渭河流域各区域的检验

统计量 Z 均小于 0,说明渭河流域的年降水序列具有减少趋势。除北道以上区域的降水序列具有显著递减趋势外,其他各区域的降水序列呈不显著递减的趋势,$|Z|<Z_{\alpha/2}=1.96$;各流域的 Hurst 指数值 H 均大于 0.5,说明降水序列具有长程相关的特点,降水过程的持续性为正。从均值的角度分析,过去一段时间的增加趋势也代表未来一段时间的增加趋势。Hurst 指数值 H 越趋近 1,说明降水序列的正持续性越强。渭河流域各区间降水持续性较强,说明当前降水序列的减少趋势将会延续到未来。

表 3.4 渭河流域降水序列趋势性和持续性分析(樊晶晶,2016)

区域	H	持续性	U	趋势性
状头以上	0.64	正	-1.37	不显著递减
张家山以上	0.62	正	-1.39	不显著递减
全流域	0.67	正	-1.63	不显著递减
临潼-华县	0.72	正	-1.21	不显著递减
咸阳-临潼	0.60	正	-0.53	不显著递减
魏家堡-咸阳	0.68	正	-0.77	不显著递减
林家村-魏家堡	0.69	正	-1.29	不显著递减
北道-林家村	0.65	正	-1.39	不显著递减
北道以上	0.71	正	-2.28	显著递减

3.2.6 降水量不均匀性、集中度变化

采用变差系数 C_v 来衡量各水文气象序列的年内分配不均匀性,C_v 值越大代表各月值的离散程度越大。渭河流域各区域降水量不均匀性变化见图 3.4,可以看出,降水序列变差系数整体呈现出减小趋势,20 世纪 90 年代出现最大值 1.43。采用集中度来衡量各序列集中程度,反映集中期降水量占年值的比例。降水量集中度变化见图 3.5,整体来看,各区域降水序列的集中度具有明显减小的趋势。

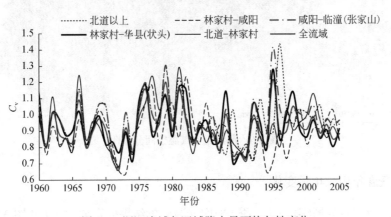

图 3.4 渭河流域各区域降水量不均匀性变化

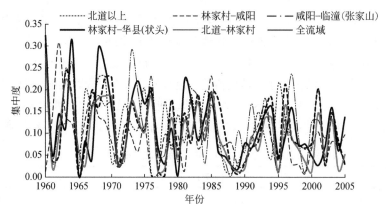

图 3.5 渭河流域各区域降水量集中度变化

3.3 渭河流域气温演变规律

3.3.1 气温空间分布

渭河流域的多年平均气温为 8.48℃。气温空间分布图见图 3.6。由图可知，气温分布具有西北低、东南高的特征。

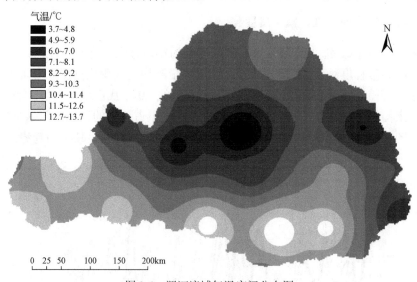

图 3.6 渭河流域气温空间分布图

3.3.2 气温年内、年际变化

渭河流域各区域年内（月、季）平均气温分析结果分别如图 3.7 和图 3.8 所示。

气温最高的区域为北道-林家村和咸阳-临潼；气温区域分布整体具有自西北向东南逐渐增加，自西安向外逐层降低的趋势；由于城市化效应的影响，月均气温最高的区域为咸阳-临潼。

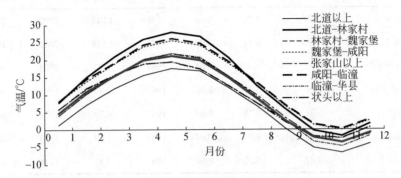

图 3.7　渭河流域各区域月气温变化

利用渭河流域气温数据，分析各区域气温的年际变化特点，结果见表 3.5。由 C_v 值可以看出，气温年际变化最大的是北道以上区域，最小的是林家村-魏家堡区域；由各区域气温均值可知，气温年均值分布具有自东南向西北逐渐减小的趋势；年最高平均气温出现在 2002 年的为魏家堡-咸阳、林家村-魏家堡和咸阳-临潼三个区域，而其他区域年最高平均气温的出现年份都是 1998 年。

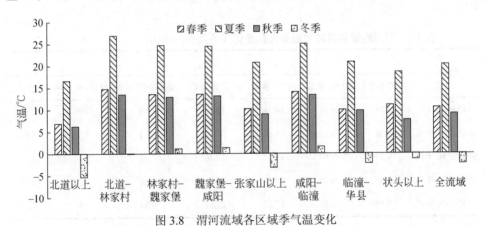

图 3.8　渭河流域各区域季气温变化

表 3.5　渭河流域各区域气温年际变化特征值（樊晶晶，2016）

区域	气温年均值/℃	C_s	C_v	年最低气温		年最高气温	
				年份	最低值/℃	年份	最高值/℃
全流域	8.48	0.26	0.06	1967	7.37	1998	9.65
临潼-华县	9.42	0.15	0.05	1984	8.36	1998	10.63

续表

区域	气温年均值/℃	C_s	C_v	年最低气温		年最高气温	
				年份	最低值/℃	年份	最高值/℃
咸阳-临潼	13.47	0.70	0.05	1976	12.46	2002	14.98
魏家堡-咸阳	13.13	0.77	0.05	1984	12.18	2002	14.75
林家村-魏家堡	8.32	0.61	0.04	1967	7.77	2002	9.25
北道-林家村	7.46	0.36	0.06	1967	6.59	1998	8.37
北道以上	5.31	0.29	0.09	1967	4.29	1998	6.52
张家山以上	9.00	0.09	0.07	1967	7.60	1998	10.20
状头以上	9.02	0.20	0.06	1967	7.85	1998	10.36

3.3.3 气温年代际变化

取渭河流域各区域平均气温数据,分析其年代际变化特征,结果见表 3.6。除北道-林家村区域外,其余各区域平均气温均于 20 世纪 70、80 年代出现微弱的下降趋势;90 年代以后,平均气温具有急剧上升的趋势,尤以张家山以上和北道以上区域的气温上升趋势最明显;同时,气温的增加速度从上游往下游具有逐渐减小的趋势。

表 3.6　渭河流域各区域气温年代际变化(樊晶晶,2016)　　　(单位:℃)

年代际	气温						
	张家山以上	临潼-华县	咸阳-临潼	魏家堡-咸阳	林家村-魏家堡	北道-林家村	北道以上
2000 年以后	9.78	9.79	14.48	14.14	8.79	8.09	5.94
20 世纪 90 年代	9.38	9.77	13.89	13.5	8.54	7.76	5.68
20 世纪 80 年代	8.75	9.10	13.14	12.76	8.16	7.31	5.06
20 世纪 70 年代	8.80	9.30	13.11	12.86	8.20	7.27	5.09
20 世纪 60 年代	8.58	9.30	13.12	12.81	8.08	7.11	5.05

3.3.4 气温周期性变化

本书利用连续小波分析方法分析渭河流域各区域气温序列的周期性,结果见表 3.7。表 3.7 说明,渭河流域各区域的气温具有不明显的周期性变化特征,各区域均无短周期,并且各区域均存在分别为 16 年左右和 26 年左右的中周期和长周期。

表 3.7　渭河流域各区域气温序列周期性变化

区域	周期/年	
	长周期	中周期
全流域	26	16
咸阳-临潼	25	16
魏家堡-咸阳	26	16
临潼-华县	26	16
林家村-魏家堡	26	16
北道-林家村	26	16
北道以上	26	16
张家山以上	26	17
状头以上	25	16

3.3.5　气温趋势性、持续性变化

本书采用 Mann-Kendall 趋势检验法分析气温序列的趋势性，同时采用 R/S 分析法分析气温序列的持续性，结果如表 3.8 所示。渭河流域各区域的趋势分析的检验统计量 Z 均大于 0，$|Z| > Z_{\alpha/2} = 1.96$，$\alpha = 0.05$，说明气温具有显著增加的趋势；气温增加趋势最明显的是咸阳-临潼区域，而临潼-华县区域的气温增加趋势较弱。各区域气温序列的持续性分析结果显示，Hurst 指数值 H 的变化范围为 0.7～1，说明气温序列具有长程相关的特性，即变化过程的持续性为正。这一特性可以从气温序列的变化特征得知。从均值的角度来看，过去一段时间的增加趋势代表未来时段的增加趋势。当 Hurst 指数值 H 越接近 1 时，说明气温序列的正持续性越强。

表 3.8　渭河流域各区域气温序列趋势性和持续性分析（樊晶晶，2016）

区域	H	持续性	U	趋势性
全流域	0.773	正	4.119	显著增加
临潼-华县	0.706	正	2.433	显著增加
咸阳-临潼	0.812	正	4.403	显著增加
魏家堡-咸阳	0.846	正	3.910	显著增加
林家村-魏家堡	0.791	正	4.100	显著增加
北道-林家村	0.864	正	3.645	显著增加
北道以上	0.781	正	4.100	显著增加
张家山以上	0.770	正	4.119	显著增加
状头以上	0.776	正	3.645	显著增加

3.3.6 气温不均匀性变化

渭河流域各区域气温不均匀性变化见图 3.9。气温序列变差系数整体呈现出减小趋势，其中北道以上区域离散程度最大。采用集中度来衡量各序列集中程度，反映集中期气温值占年值的比例。气温集中度变化见图 3.10，气温序列集中度计算值整体呈现出明显减小趋势，北道以上区域最明显。

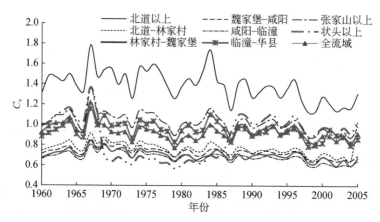

图 3.9 渭河流域各区域气温不均匀性变化图

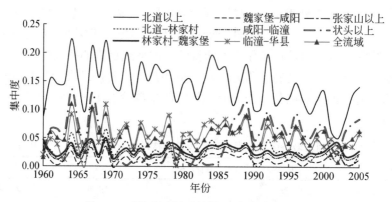

图 3.10 渭河流域各区域气温集中度变化图

3.4 渭河流域潜在蒸发量演变规律

3.4.1 潜在蒸发量空间分布

图 3.11 为渭河流域潜在蒸发量空间分布图。整体来看，渭河流域潜在蒸发量具有从东北部向西南部逐渐减小的空间分布特征，多年平均潜在蒸发量为 846.8mm，

其中，潜在蒸发量最大的是北部环县站，为 899.0mm。

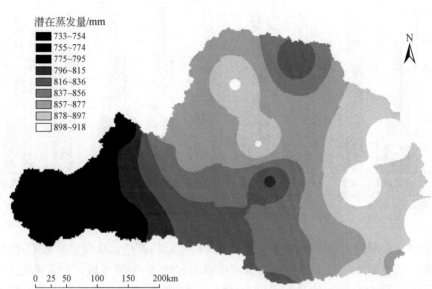

图 3.11　渭河流域潜在蒸发量空间分布图

3.4.2　潜在蒸发量年内、年际变化

本书取渭河流域各区域年内（月、季）潜在蒸发量为研究对象，分配结果见图 3.12 和图 3.13。分析发现，各区域潜在蒸发量较大的是 5～8 月，夏季潜在蒸发量最大，春季次之；临潼-华县区域潜在蒸发量最大的月份是 6 月，这与咸阳-临潼区域和临潼-华县区域明显的城市化效应有密切关系；潜在蒸发量由咸阳-临潼区域及临潼-华县区域向流域下游递增，呈现出东南高，西北低的总体趋势。

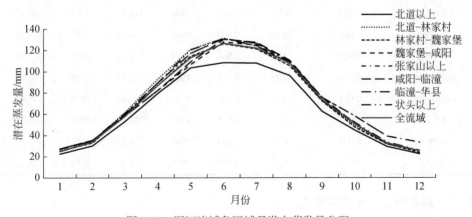

图 3.12　渭河流域各区域月潜在蒸发量分配

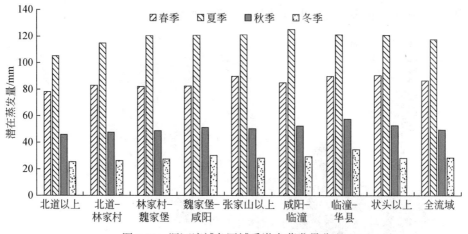

图 3.13　渭河流域各区域季潜在蒸发量分配

　　表 3.9 为渭河流域各区域潜在蒸发序列的年际特征值。从变差系数 C_v 值可看出，潜在蒸发量变化较大的区域为张家山以上和咸阳-临潼区域，干流区域上，潜在蒸发量年际变化较小的是北道以上区域；观察渭河流域各区域潜在蒸发量多年平均值可知，潜在蒸发量的变化趋势为从东南向西北逐渐减少，以魏家堡-咸阳区域的减少趋势最明显；其余区域的潜在蒸发量具有逐年增加的趋势，而增加趋势最为明显的是北道以上区域。各区域年潜在蒸发量极大值的出现年份多为 1966 年和 1997 年，而极小值的出现年份多为 1964 年和 1984 年。

表 3.9　渭河流域各区域潜在蒸发序列年际特征值（樊晶晶，2016）

区域	潜在蒸发量均值 /mm	C_s	C_v	最小潜在蒸发量		最大潜在蒸发量	
				年份	极小值/mm	年份	极大值/mm
状头以上	879.0	-0.59	0.060	1964	712.52	1997	943.66
张家山以上	870.2	0.53	0.081	1964	713.35	2004	1092.22
全流域	848.1	-0.59	0.060	1964	720.57	1997	934.38
临潼-华县	909.9	-0.36	0.068	1989	773.23	1997	1027.80
咸阳-临潼	875.5	-0.22	0.080	1984	721.99	1966	990.15
魏家堡-咸阳	852.4	-0.13	0.076	1984	719.86	1966	977.02
林家村-魏家堡	835.7	-0.07	0.071	1984	721.41	1969	956.65
北道-林家村	811.2	-0.08	0.057	1964	711.21	1977	895.50
北道以上	761.7	-0.46	0.053	1989	665.32	1997	826.32

3.4.3　潜在蒸发量年代际变化

　　根据渭河流域各区域的潜在蒸发序列，分析其年代际变化特征，结果如表 3.10

和表 3.11 所示。结果表明，与 20 世纪 60 年代的潜在蒸发量相比，各区域 20 世纪 80 年代的潜在蒸发量均呈现出减少趋势，其中，潜在蒸发量减少最为显著的是魏家堡-咸阳区域和咸阳-临潼区域，于 20 世纪 90 年代后潜在蒸发量缓慢增加；干流区域上，潜在蒸发量变化最为明显的是咸阳-临潼区域，北道以上则具有不明显的变化趋势，且潜在蒸发量具有从上游到下游逐渐减少的分布特征，20 世纪 90 年代到 2000 年之后，支流张家山以上区域的潜在蒸发量增加幅度大于状头以上区域。

表 3.10　渭河流域各区域潜在蒸发序列年代际变化（樊晶晶，2016）　　（单位：mm）

年代际	潜在蒸发量								
	临潼-华县	咸阳-临潼	魏家堡-咸阳	林家村-魏家堡	北道-林家村	北道以上	张家山以上	状头以上	全流域
2000 年以后	920.54	882.09	829.83	811.45	827.44	788.47	896.28	900.14	865.87
20 世纪 90 年代	930.69	868.30	845.02	832.48	809.93	768.15	872.74	856.40	852.25
20 世纪 80 年代	853.58	802.20	792.12	790.00	779.06	733.56	821.70	800.73	803.04
20 世纪 70 年代	934.70	905.57	892.99	873.87	834.77	770.10	896.82	867.87	871.85
20 世纪 60 年代	909.01	918.72	904.07	872.95	803.23	745.76	861.02	838.67	845.75

表 3.11　渭河流域各区域潜在蒸发序列年代际变化率（相对于 20 世纪 60 年代）　（单位：%）

年代际	潜在蒸发量变化率								
	临潼-华县	咸阳-临潼	魏家堡-咸阳	林家村-魏家堡	北道-林家村	北道以上	张家山以上	状头以上	全流域
2000 年以后	1.3	-4.0	-8.2	-7.0	3.0	5.7	4.1	7.3	2.4
20 世纪 90 年代	2.4	-5.5	-6.5	-4.6	0.8	3.0	1.4	2.1	0.8
20 世纪 80 年代	-6.1	-12.7	-12.4	-9.5	-3.0	-1.6	-4.6	-4.5	-5.0
20 世纪 70 年代	2.8	-1.4	-1.2	0.1	3.9	3.3	4.2	3.5	3.1

3.4.4　潜在蒸发量周期性变化

本书通过连续小波分析方法分析了潜在蒸发序列的周期性，结果见表 3.12。由表 3.12 可知，渭河流域各区域的周期变化基本相同，均存在 16 年左右和 26 年左右的中周期和长周期，其中陕西省范围内各区域出现了 8 年左右的短周期。

表 3.12　渭河流域各区域潜在蒸发序列周期性变化

区域	周期/年		
	长周期	中周期	短周期
全流域	26	16	—
临潼-华县	25	16	8

区域	周期/年		
	长周期	中周期	短周期
咸阳-临潼	25	16	8
魏家堡-咸阳	26	16	8
林家村-魏家堡	25	16	8
北道-林家村	26	17	—
北道以上	25	16	—
张家山以上	26	17	—
状头以上	26	17	—

3.4.5 潜在蒸发量趋势性、持续性变化

采用 Mann-Kendall 趋势检验法及 R/S 分析法，对潜在蒸发序列的趋势性、持续性进行分析，结果如表 3.13 所示。

表 3.13　渭河流域各区域潜在蒸发序列趋势性和持续性分析表（樊晶晶，2016）

区域	H	持续性	U	趋势性
全流域	0.85	正	0.24	不显著递增
临潼-华县	0.81	正	0.20	不显著递增
咸阳-临潼	0.98	正	-1.44	不显著递减
魏家堡-咸阳	0.98	正	-2.79	显著递减
林家村-魏家堡	0.85	正	-2.90	显著递减
北道-林家村	0.76	正	0.56	不显著递增
北道以上	0.78	正	1.88	不显著递增
张家山以上	0.82	正	0.40	不显著递增
状头以上	0.81	正	0.85	不显著递增

由表 3.13 可知，在干流上，魏家堡-咸阳、林家村-魏家堡和咸阳-临潼区间上的趋势检验统计量 Z 均小于 0，说明蒸发量呈减小趋势，其中，魏家堡-咸阳和林家村-魏家堡区域具有显著减少趋势，$|Z| > Z_{\alpha/2} = 1.96$，$\alpha=0.05$；其他区域的 Z 值均大于 0，且 $|Z| < Z_{\alpha/2} = 1.96$，$\alpha=0.05$，说明蒸发量变化具有不显著递增趋势，其中，北道以上区域的潜在蒸发序列具有显著增加趋势，临潼-华县区域增加趋势不显著。渭河流域各区域 Hurst 指数 H 的取值范围为 0.7~1，潜在蒸发序列存在长程相关性，且持续性为正。其特性反映在序列变化上，从均值的角度看，过去一段时间的增加趋势意味着将来一段时间的增加趋势。Hurst 指数值 H 越趋近 1，

序列的正持续性越大。Hurst 指数值最大的区域为魏家堡-咸阳区域,说明现阶段潜在蒸发序列的显著递减趋势将延续至未来,而北道以上 Hurst 指数值最小,即现阶段潜在蒸发持续至未来的趋势最弱。

3.4.6　潜在蒸发量不均匀性、集中度变化

采用变差系数来衡量潜在蒸发量年内分配的不均匀性,其值越大代表各月值的离散程度越大。渭河流域各区域潜在蒸发量不均匀性变化见图 3.14,潜在蒸发序列变差系数整体变化趋势不明显,其中临潼-华县区域离散程度较小。采用集中度来衡量潜在蒸发量集中程度,反映集中期潜在蒸发量占年值的比例。集中度变化见图 3.15,集中度计算值整体呈现出减小趋势,占年值比例减小,20 世纪 90年代各站差异较大。

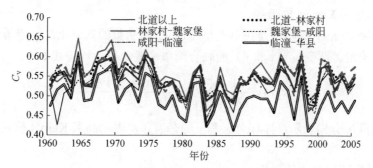

图 3.14　渭河流域潜在蒸发量不均匀性变化

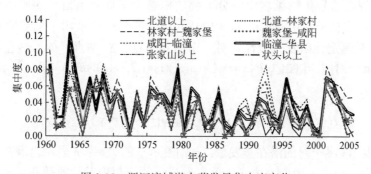

图 3.15　渭河流域潜在蒸发量集中度变化

3.4.7　基于熵理论的潜在蒸发量的时空变化特征研究

1. 研究方法

1）单变量 Kernel 核函数

基于 n 个观测数字 x_1, x_2, $\cdots$, x_n,其单变量 Kernel 概率密度函数的数学表

达式如下所示（王志刚等，2013）：

$$\hat{f}_X(x) = \frac{1}{nh}\sum_{i=1}^{n}K\left(\frac{x-x_i}{h}\right) \tag{3.25}$$

式中，K 表示高斯 Kernel 核函数，表达式是 $K(t) = (2\pi) - (1/2)e - t^2/2$；$h$ 表示控制 Kernel 核函数的变化的带宽。当 K 是高斯概率密度函数时，h 的最优计算公式如下：

$$h_d = \left[\frac{4}{n(p+2)}\right]^{1/(p+4)}\sigma_d \tag{3.26}$$

式中，h_d 表示最优带宽；σ_d 表示样本分布在 d 维上的标准差；p 表示维度的数量。当 Kernel 核函数为单变量时，p 的取值为 1；当 Kernel 核函数为两变量时，p 的取值为 2（Chen et al.，2016）。

2）两变量 Kernel 核函数

两变量 Kernel 核函数是在单变量 Kernel 核函数的基础上，选用最优窗宽集 (h_x, h_y) 确定。两变量（x 和 y）的联合概率密度函数计算公式如下：

$$\hat{f}_{xy}(x,y) = \frac{1}{nh_xh_y}\sum_{i=1}^{n}\left\{K\left(\frac{x-x_i}{h_x}\right)K\left(\frac{y-y_i}{h_y}\right)\right\} \tag{3.27}$$

式中，h_x 和 h_y 分别表示样本序列 x 和 y 的带宽；K 表示高斯 Kernel 核函数。

3）潜在蒸发量的信息熵

信息熵是信号传输领域中十分重要的概念，根据随机信号的概率分布定量描绘其有效信息量。由 Shannon（1948）提出的熵理论被用于估算随机信号的无序性、不确定性以及分散性。对一个已知站点（X 站点）的月潜在蒸发序列 $i = 1,2,\cdots,n$，对应的概率为 $P\{x = x_i\} = p(x_i)(i = 1,2,\cdots,n), p(x_i) \geqslant 0, \sum p(x_i) = 1$，熵可表示为

$$H(x) = H[p(x_1), p(x_2), \cdots, p(x_n)] = -\sum_{i=1}^{n}p(x_i)\log_2 p(x_i) \tag{3.28}$$

式中，x_i 表示第 i 个月的潜在蒸发量；$p(x_i)$ 表示 x_i 的概率；n 表示月潜在蒸发序列的数据个数；对数一般取 2 为底，单位为 bit，也可以取其他对数底，采用相应的单位用换底公式换算。

当所有状态一样时，即各月潜在蒸发量的大小一样时，其熵值最小。因此，当熵值变大，其无序性与分散性增大。如果 Y 站点的月潜在蒸发序列是离散的形式，其条件熵 $H(X|Y)$ 的计算如下所示：

$$H(X|Y) = -\sum_{ij}p(y_j)p(x_i|y_j)\log_2 p(x_i|y_j) \tag{3.29}$$

式中，y_j 表示 Y 站点第 j 个月的潜在蒸发量；$p(y_j)$ 表示 y_j 的概率；$p(x_i|y_j)$ 表示事件 x_i 出现在事件 y_j 之后的条件概率。

X 和 Y 站点的互信熵 $I(X,Y)$ 的计算如下：

$$I(X,Y)=H(X)+H(Y)-H(X|Y) \tag{3.30}$$

X 和 Y 站点的互信熵 $I(X,Y)$ 是对称的，因此 $I(X,Y)=I(Y,X)$。

X 和 Y 站点的联合概率信息 $H(X|Y)$ 的计算如下所示：

$$I(X,Y)=H(X)+H(Y)-H(X|Y) \tag{3.31}$$

X 和 Y 站点的互信熵 $I(X,Y)$ 也可表示为

$$I(X,Y)=H(X)+H(Y)-H(X|Y) \tag{3.32}$$

2. 结论和讨论

1）潜在蒸发量熵的空间分布

首先，通过非参数的方法计算渭河流域各站点潜在蒸发量的概率；其次，计算出各站点潜在蒸发量的熵；最后，通过 ArcGIS 软件的反距离空间插值的方法，获得整个流域潜在蒸发量的熵的空间分布，如图 3.16 所示。

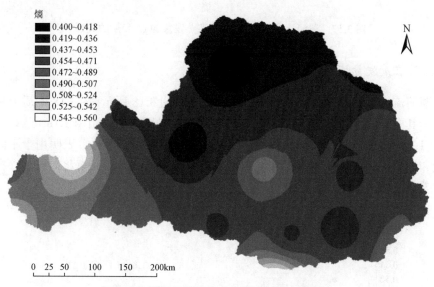

图 3.16　渭河流域潜在蒸发量的熵的空间分布

总的来说，较大的熵值主要出现在流域的西部，而流域的北部和东部以较小的熵值为主。由此表明，渭河流域北部和东部的潜在蒸发量的分散度要低于流域西部。

2）潜在蒸发量的变差系数和熵的关系

潜在蒸发量的熵值取决于其时间序列的概率分布。某一气象站的 C_v 和熵均可

用于计算潜在蒸发量分布的分散度。当 C_v 值介于 0.4 和 0.6 之间时，表明潜在蒸发量有中等分散度（刘丙军等，2009）。理论上，虽然只用潜在蒸发量的 C_v 值也可对其进行分区研究，但是不能描绘潜在蒸发量的时间变化（刘丙军等，2009）。流域潜在蒸发量的熵值较大，表明其潜在蒸发量有较大的分散度。

渭河流域 21 个站点潜在蒸发量的 C_v 和熵的关系如图 3.17 所示。E、C_v 和 R^2 分别表示月潜在蒸发量的熵、变差系数以及决定系数。由图 3.17 可知，潜在蒸发量的 C_v 和熵的线性关系不太明显，其决定系数为 0.21。

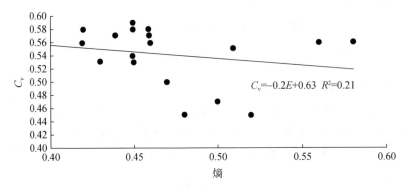

图 3.17　渭河流域 21 个站点潜在蒸发量的 C_v 和熵的关系

3. 潜在蒸发量熵的经向和纬向分布特征

渭河流域潜在蒸发量熵的经向和纬向分布如图 3.18 所示。图 3.18 本质上是散点图，其中经度/纬度是自变量，潜在蒸发量的熵是因变量。由图 3.18 可知：

（1）不论经向还是纬向，潜在蒸发量的熵均有下降的趋势，表明由于不同的环境和地形条件的影响，渭河流域潜在蒸发量的分布在东西和南北方向上存在显著的差异（Huang et al.，2014）。

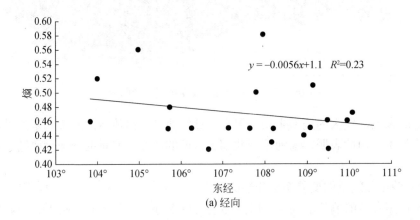

(a) 经向

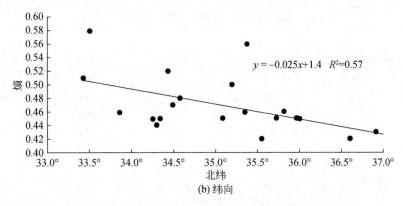

(b) 纬向

图 3.18　渭河流域潜在蒸发量熵的经向和纬向分布

（2）图 3.18（b）中的决定系数比图 3.18（a）中的大，表明潜在蒸发量的熵在纬向上的变化比在经向上的变化明显。

3.5　渭河流域径流量演变规律

3.5.1　径流量空间分布

　　大气降水是渭河流域地表径流的主要来源。整体来看，渭河流域径流量分布空间特征表现为山区多、平原少，且具有自北向南递增的趋势，其空间分布与降水量基本一致。

3.5.2　径流量年内、年际变化

　　渭河流域各站点不同季节径流量变化见图 3.19。汛、枯期径流量及主要站点月径流量年内分配情况见表 3.14 和表 3.15。各站径流量均存在年内分配不均的特性，径流量主要集中分布于汛期 7～10 月份，以华县站径流量年内分配为例，汛期和枯水期的径流量分别占全年径流总量的 60.7% 和 8.1%。

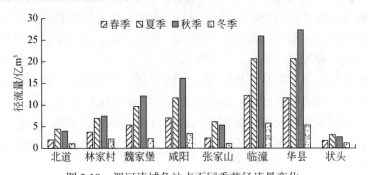

图 3.19　渭河流域各站点不同季节径流量变化

表 3.14　渭河流域汛、枯期径流量（樊晶晶，2016）

站名	枯期		汛期		汛期径流量/枯期径流量
	径流量/亿 m³	占全年比例/%	径流量/亿 m³	占全年比例/%	
华县	5.2	8.1	39.2	60.7	7.5
临潼	5.7	8.9	37.9	58.9	6.6
咸阳	3.3	8.7	22.5	59.5	6.8
魏家堡	2.1	7.3	17.7	61.5	8.4
林家村	2.0	10.1	11.4	57.7	5.7
北道	1.0	9.3	6.6	59.2	6.6
张家山	1.0	6.9	9.4	65.3	9.4
状头	1.1	12.9	4.4	53.5	4.0

表 3.15　渭河流域主要站点月径流量年内分配表（樊晶晶，2016）

月份	北道		林家村		魏家堡		咸阳		张家山		临潼		华县		状头	
	月径流量/亿 m³	月径流量/年径流量	月径流量/亿 m³	月径流量/年径流量	月径流量/亿 m³	月径流量/年径流量	月径流量/亿 m³	月径流量/年径流量	月径流量/亿 m³	月径流量/年径流量	月径流量/亿 m³	月径流量/年径流量	月径流量/亿 m³	月径流量/年径流量	月径流量/亿 m³	月径流量/年径流量
1	0.3	0.03	0.6	0.03	0.6	0.02	1.0	0.03	0.2	0.01	1.7	0.03	1.5	0.02	0.3	0.04
2	0.4	0.03	0.6	0.03	0.6	0.02	0.9	0.02	0.4	0.03	1.7	0.03	1.6	0.02	0.3	0.05
3	0.5	0.05	0.9	0.05	1.0	0.04	1.3	0.03	0.6	0.04	2.5	0.04	2.2	0.04	0.6	0.07
4	0.6	0.05	1.2	0.06	1.8	0.06	2.3	0.06	0.8	0.05	4.0	0.06	3.8	0.06	0.5	0.06
5	0.8	0.07	1.5	0.08	2.4	0.08	3.3	0.09	1.0	0.07	5.6	0.09	5.5	0.09	0.5	0.06
6	0.9	0.09	1.4	0.07	1.9	0.07	2.4	0.06	0.8	0.06	3.9	0.06	3.8	0.06	0.5	0.06
7	1.6	0.15	2.6	0.13	4.0	0.14	4.8	0.13	2.3	0.16	8.3	0.13	8.4	0.13	1.1	0.13
8	1.7	0.15	2.8	0.14	3.6	0.13	4.4	0.12	2.9	0.20	8.4	0.13	8.4	0.13	1.4	0.17
9	1.7	0.15	3.3	0.17	5.6	0.19	7.2	0.19	2.4	0.17	11.4	0.18	12.0	0.19	1.0	0.13
10	1.5	0.14	2.7	0.14	4.5	0.16	6.0	0.16	1.3	0.13	9.8	0.15	10.4	0.16	0.9	0.11
11	0.7	0.06	1.3	0.07	1.9	0.07	2.8	0.07	1.0	0.07	4.7	0.07	4.8	0.07	0.6	0.07
12	0.4	0.03	0.8	0.04	0.9	0.03	1.3	0.04	0.5	0.03	2.3	0.04	2.1	0.03	0.5	0.05

综合径流量年内变化特征可知，渭河流域的径流量年内分配不均，夏秋两季的径流量较大，而冬春两季的径流量较少。例如，华县站的径流量季节性分配，夏、秋两季径流量占全年径流总量的 74%，其中，秋季径流量高于夏季，而冬季的径流量占全年径流总量最少，为 8.06%。

基于北道站、林家村站、魏家堡站、咸阳站、张家山站、临潼站、华县站、状头站 8 个水文站的径流资料，各站径流量的年际变化如图 3.20 所示。从斜率来看，各水文站斜率均为负值，表明各站径流量均表现为逐年递减的趋势；在干流上，斜率的绝对值在各水文站表现为从上游到下游逐渐增加，说明径流量减幅从上游到下游递增，符合一般性规律。

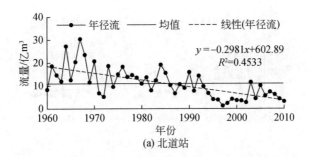

(a) 北道站

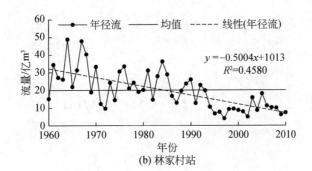

(b) 林家村站

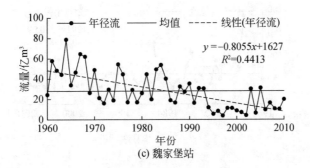

(c) 魏家堡站

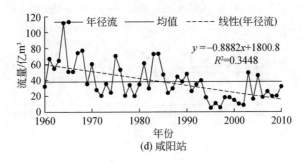

(d) 咸阳站

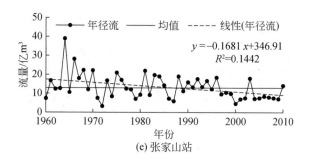

(e) 张家山站

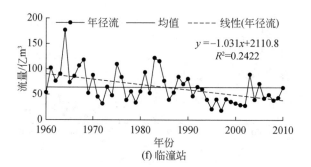

(f) 临潼站

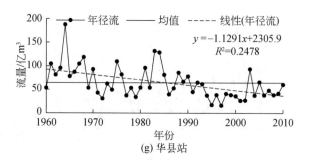

(g) 华县站

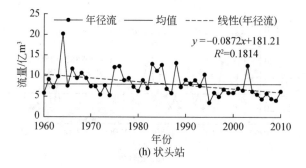

(h) 状头站

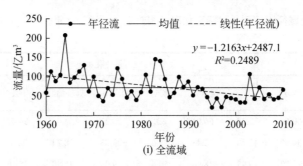

图 3.20　渭河流域径流量年际变化

渭河流域 8 个主要代表水文站的径流序列年际变化特征见表 3.16。由表可知，各水文站径流序列年际变化呈现出从上游到下游逐渐减少的趋势；林家村站的径流序列序列年际变化特征较为显著，而临潼站的径流量年际特征变化较弱；除北道站，各水文站径流量极大值均出现于 1964 年，而极小值多出现于 1997 年。

表 3.16　渭河流域径流序列年际变化特征（樊晶晶，2016）

站名	C_v	C_s	年径流量					
			均值/亿 m³	极小值/亿 m³	极小值/均值	极大值/亿 m³	极大值/均值	极大值/极小值
华县	1.08	0.51	64.61	187.52	2.81	16.82	0.25	11.15
临潼	1.00	0.48	64.31	176.40	2.67	18.19	0.28	9.70
咸阳	0.74	0.58	37.78	111.68	2.84	5.28	0.13	21.15
魏家堡	0.58	0.61	28.12	78.55	2.64	4.01	0.13	19.61
林家村	0.83	0.71	19.71	48.82	2.90	0.84	0.05	58.15
北道	0.66	0.56	11.08	30.35	2.59	1.29	0.11	23.6
张家山	1.22	0.48	13.30	38.82	2.82	3.22	0.23	12.06
状头	1.39	0.35	8.16	20.15	2.37	3.50	0.41	5.75
全流域	1.13	0.49	72.77	207.67	2.76	21.00	0.28	9.89

渭河流域径流序列的年代际变化特征分析见表 3.17 和表 3.18。可以看出，径流序列的年代际变化呈有规律的波动，其中 20 世纪 60 年代的径流量最丰，以华县站的径流量最大，是平均径流量的 1.44 倍；北道站、林家村站、魏家堡站及张家山站最枯期为 2000 年以后，其余各水文站的最枯期均出现于 20 世纪 90 年代，北道站的最枯径流量最小，约为多年径流量均值的 51%。20 世纪 70 年代以来，各水文站年径流量整体呈减少趋势。

表 3.17 渭河流域径流序列年代际变化率（相对于 20 世纪 60 年代）（樊晶晶，2016）

（单位：%）

年代际	径流量变化率								
	北道	林家村	魏家堡	咸阳	张家山	临潼	华县	状头	全流域
20 世纪 90 年代	-60.66	-73.74	-66.01	-63.7	-23.27	-52.01	-54.47	-29.74	-52.12
20 世纪 80 年代	-34.99	-45.79	-32.43	-26.63	-23.83	-18.24	-17.7	-8.89	-16.86
20 世纪 70 年代	-23.72	-45.47	-38.94	-40.67	-29.06	-35.80	-38.16	-17.49	-36.19
2000 年以后	-68.36	-68.34	-71.18	-61.83	-51.06	-48.54	-51.75	-38.54	-50.49

表 3.18 渭河流域径流序列年代际变化量统计（樊晶晶，2016）（单位：亿 m³）

年代际	径流量变化量								
	北道	林家村	魏家堡	咸阳	张家山	临潼	华县	状头	全流域
20 世纪 90 年代	7.05	8.27	16.56	22.49	13.78	44.90	43.79	7.11	50.90
20 世纪 80 年代	11.65	17.07	32.92	45.46	13.68	76.50	79.16	9.22	88.38
20 世纪 70 年代	13.67	17.17	29.75	36.76	12.74	60.07	59.48	8.35	67.83
20 世纪 60 年代	17.92	31.49	48.72	61.96	17.96	93.57	96.18	10.12	106.30
2000 年以后	5.67	9.97	14.04	23.65	8.79	48.15	46.41	6.22	52.63
最枯径流量/平均径流量	0.51	0.33	0.49	0.57	0.62	0.68	0.66	0.84	0.68
最丰径流量/平均径流量	1.53	1.87	1.64	1.57	1.30	1.41	1.44	1.19	1.41
平均径流量/亿 m³	11.08	19.71	28.12	37.78	13.30	64.31	64.61	8.16	72.77

3.5.3 径流量丰枯变化

统计渭河流域丰枯年径流量出现次数及频率，结果如表 3.19 所示。平水年的出现频率最大，约为 0.5；其次为丰、枯水年出现的频率，约为 0.2；出现频率最小的是特丰、特枯水年，并且绝大多数站点处在 0.1 以下。

表 3.19 渭河流域丰枯年径流量出现次数及频率统计（樊晶晶，2016）

站名	特丰年			丰水年			平水年			枯水年			特枯年		
	径流量/亿 m³	次数	频率	径流量/亿 m³	次数	频率	径流量/亿 m³	次数	频率	径流量/亿 m³	次数	频率	径流量/亿 m³	次数	频率
北道	>21.41	3	0.06	21.30~15.00	8	0.16	15.90~6.80	24	0.47	6.81~3.89	9	0.18	<3.89	7	0.14
林家村	>34.85	4	0.08	34.84~24.00	13	0.25	24.00~7.40	30	0.59	7.43~2.89	2	0.04	<2.89	3	0.06
魏家堡	>56.07	4	0.08	56.03~41.00	9	0.18	41.00~15.70	25	0.49	15.74~7.63	8	0.16	<7.63	5	0.10
咸阳	>73.40	3	0.06	73.30~53.90	8	0.16	53.90~21.90	24	0.47	21.90~11.90	11	0.22	<11.90	5	0.10
张家山	>23.62	2	0.04	23.40~17.00	10	0.20	17.64~8.78	23	0.45	8.78~6.47	13	0.25	<6.47	3	0.06

站名	特丰年			丰水年			平水年			枯水年			特枯年		
	径流量/亿 m³	次数	频率	径流量/亿 m³	次数	频率	径流量/亿 m³	次数	频率	径流量/亿 m³	次数	频率	径流量/亿 m³	次数	频率
临潼	>113.28	4	0.08	113.30～84.00	9	0.18	84.73～41.23	23	0.45	41.23～29.36	12	0.24	<29.36	3	0.06
华县	>118.10	3	0.06	118.00～86.60	8	0.16	86.63～40.55	26	0.51	40.54～28.82	12	0.24	<28.82	2	0.04
状头	>12.95	2	0.04	12.94～10.14	8	0.16	10.13～6.21	25	0.49	6.21～5.30	10	0.20	<5.30	6	0.12
全流域	>131.00	3	0.06	131.00～96.60	10	0.20	96.69～46.83	23	0.45	46.83～34.36	11	0.22	<34.36	4	0.08

3.5.4　径流量周期性变化

本书采用连续小波分析方法分析了渭河流域年径流序列的周期性，结果如表 3.20 所示。由表可知，除张家山站，其余水文站均表现有 16 年左右的中周期，具有较强一致性；各子区间的长周期和短周期差异较大，其中张家山站、状头站、魏家堡-咸阳区域和咸阳-临潼区域存在 25 年左右的长周期。

表 3.20　渭河流域年径流序列周期性分析（樊晶晶，2016）

站名/区域	周期/年		
	长周期	中周期	短周期
张家山	24	—	2
状头	25	16	—
全流域	—	16	8
华县	—	16	8
临潼	—	16	3
咸阳	—	17	6
魏家堡	—	17	6
林家村	—	18	6
北道以上	—	17	2
北道-林家村	—	18	6
林家村-魏家堡	—	17	2
魏家堡-咸阳	27	15	5
咸阳-临潼	25	16	—
临潼-华县	—	15	8

3.5.5　径流量趋势性、持续性变化

采用 Mann-Kendall 趋势检验法及 R/S 分析法，分别分析各站（区域）径流的趋势性和持续性，结果见表 3.21。由表 3.21 可知，各水文站径流量具有显著递减

趋势，林家村站年径流量的减少趋势最为显著，而状头站最小；各区域的年径流量也呈减小趋势，北道-林家村区域径流量减少趋势最为显著，全流域的径流量具有明显递减趋势。由 Hurst 指数值可知，各水文站、区域的 Hurst 指数值均大于0.6，说明径流减少具有强持续性，未来径流量将继续保持减少趋势，其中林家村水文站径流量的 Hurst 指数值最大，说明其径流减少趋势具有最强的持续性。

表 3.21　渭河流域径流趋势性和持续性分析（樊晶晶，2016）

站名/区域	H	持续性	径流量和	U	趋势性
临潼-华县	0.69	正	433	−3.32	显著递减
张家山以上	0.77	正	375	−4.26	显著递减
状头	0.68	正	424	−3.47	显著递减
全流域	0.79	正	406	−3.76	显著递减
华县	0.80	正	419	−3.55	显著递减
临潼	0.80	正	423	−3.48	显著递减
咸阳	0.86	正	373	−4.30	显著递减
魏家堡	0.89	正	276	−4.57	显著递减
林家村	0.90	正	314	−5.26	显著递减
北道	0.88	正	318	−5.19	显著递减
北道-林家村	0.82	正	348	−4.70	显著递减
林家村-魏家堡	0.80	正	286	−4.38	显著递减
魏家堡-咸阳	0.62	正	423	−1.79	不显著递减
咸阳-临潼	0.61	正	565	−1.18	不显著递减

3.5.6　统计参数变化特征

采用渭河流域 6 个主要水文站年径流资料，分析各站径流量的年际变化，结果见表 3.22。可以看出，各站径流序列极大值、极小值变化剧烈。变差系数越大，径流序列越不稳定。林家村站的变差系数最大，为 0.68；干、支流各站径流量极大值均出现于 1964 年，干流极小值出现年份为 1997 年，支流极小值出现年份分别为 1995 年和 2009 年。

表 3.22　渭河流域主要站点径流量年际变化

站名	径流量均值/亿 m^3	径流量标准差	C_v	最大径流量			最小径流量		
				年份	极大值/亿 m^3	与多年平均径流量比值	年份	极小值/亿 m^3	与多年平均径流量比值
林家村	17.55	11.94	0.68	1964	48.82	2.78	1997	0.84	0.05
魏家堡	28.77	17.70	0.62	1964	78.55	2.73	1997	4.13	0.14
咸阳	40.24	22.82	0.57	1964	111.68	2.78	1995	5.28	0.13

续表

站名	径流量均值 /亿 m³	径流量标准差	C_v	最大径流量			最小径流量		
				年份	极大值 /亿 m³	与多年平均径流量比值	年份	极小值 /亿 m³	与多年平均径流量比值
临潼	65.89	32.30	0.49	1964	176.40	2.68	1997	18.19	0.28
华县	71.37	32.74	0.46	1964	187.52	2.63	1997	16.82	0.24
张家山	16.11	6.69	0.42	1964	41.80	2.59	2009	7.02	0.44

3.6　渭河流域极端水文事件变化规律

3.6.1　洪水事件变化规律

1. 年际变化

采用年最大值序列进行洪水事件演变规律分析，洪峰序列年际变化如图 3.21 所示。年际变化整体上呈现出减小趋势，最大洪峰流量的平均值为 6043 m³/s，最大值为 7610 m³/s，1981 年出现在临潼站。越接近下游，C_v 值越小。

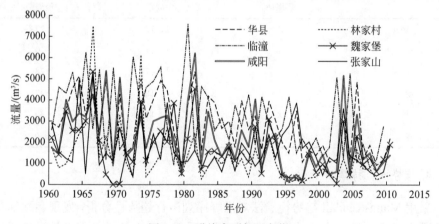

图 3.21　洪峰序列年际变化

2. 年内变化

洪峰序列年最大值出现的时间集中在汛期（7～10 月），概率达到 88%。其中，张家山最大值出现在 8 月份的概率达到 45%，见图 3.22。

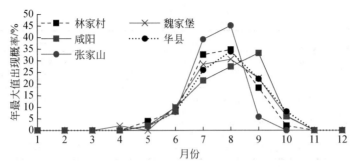

图 3.22　洪峰序列发生时间

3. 周期性变化

采用小波分析法对洪峰序列进行周期性分析，得到干流上水文站存在 2～4 年短周期，11 年左右或 17 年左右的中周期，30 年左右的长周期。支流张家山站存在短周期，中、长周期明显缩短。洪峰序列周期性分析结果见表 3.23。

表 3.23　洪峰序列周期性分析

站名	周期/年		
	短周期	中周期	长周期
华县	2	12、17	29
林家村	4	11、17	30
临潼	3	11、17	28
魏家堡	4	11、18	32
咸阳	2	11、17	30
张家山	2、5	9、11	26

4. 趋势性、持续性变化

采用 Mann-Kendall 趋势检验法对洪峰序列进行趋势性分析，发现各站都存在显著减少趋势，其中林家村减小趋势较强。采用 R/S 分析法计算各站洪峰序列的 Hurst 指数值 H，均大于 0.5，存在正持续性。检验结果见表 3.24。

表 3.24　洪峰序列趋势性及持续性分析

站名	U	显著性水平 α	临界值 $U_{\alpha/2}$	趋势性	H	持续性
华县	-3.68	0.05	1.96	显著递减	0.647	正持续性
林家村	-3.81	0.05	1.96	显著递减	0.747	正持续性
临潼	-3.39	0.05	1.96	显著递减	0.704	正持续性

续表

站名	U	显著性水平 α	临界值 $U_{\alpha/2}$	趋势性	H	持续性
魏家堡	-2.97	0.05	1.96	显著递减	0.686	正持续性
咸阳	-3.27	0.05	1.96	显著递减	0.728	正持续性
张家山	-1.18	0.05	1.96	不显著递减	0.636	正持续性

5. 统计参数变化

对渭河流域各站洪峰序列进行洪水事件演变规律分析，发现各站均有减小趋势，越趋近下游，C_v 值越小，最大值出现在渭河上游张家山站。统计参数计算结果见表 3.25。

表 3.25　统计参数计算结果

站名	C_v	C_s
华县	0.79	1.24
林家村	0.70	0.89
临潼	0.67	0.79
魏家堡	0.51	0.32
咸阳	0.49	0.24
张家山	0.82	2.11

3.6.2　干旱事件变化规律

为了定量评价渭河流域干旱程度的时空分布及变化趋势，需要根据干旱发展规律对干旱趋势进行预测。首先，建立渭河流域干旱综合评价指标体系及评价标准，该标准基于《气象干旱等级》（GB/T 20481—2006）和其他已有干旱指标及其级别划分标准研究结果建立；然后，结合渭河流域实际情况，将降水量距平百分率、连续无雨日数、相对湿润度指数、河道来水量距平百分率 4 种指标划分为无旱到特旱 5 个等级，分别对应干旱级别特征值 1、2、3、4、5，结果见表 3.26。

表 3.26　渭河流域干旱评价指标体系（雷江群等，2014）

干旱类别	干旱指标	干旱等级				
		无旱	轻旱	中旱	重旱	特旱
		1	2	3	4	5
气象干旱	降水量距平百分率（6~8 月）/%	>-25	-25~-50	-50~-70	-70~-80	<-80
	连续无雨日数（6~8 月）/d	<15	15~25	25~40	40~60	>60
	相对湿润度指数（6~8 月）	>-0.4	-0.40~-0.65	-0.65~-0.80	-0.80~-0.95	<-0.95
水文干旱	河道来水量距平百分率（6~8 月）/%	>-10	-10~-30	-30~-50	-50~-80	<-80

1. 干旱的时间变化分析

利用熵权法确定各干旱指标权重，结果如表 3.27 所示。

表 3.27　渭河流域各干旱指标权重（雷江群等，2014）

指标	降水量距平百分率/%	连续无雨日数/d	相对湿润度指数	河道来水量距平百分率/%
权重	0.296	0.218	0.264	0.222

利用基于对立统一与质量互变定理的可变模糊评价法得出各区域历年干旱级别特征值，绘制各分区历年干旱级别特征值曲线，如图 3.23 所示。

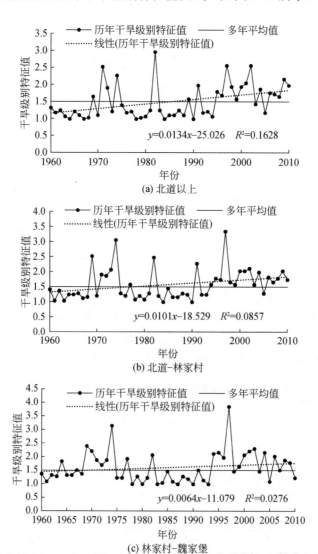

(a) 北道以上

(b) 北道-林家村

(c) 林家村-魏家堡

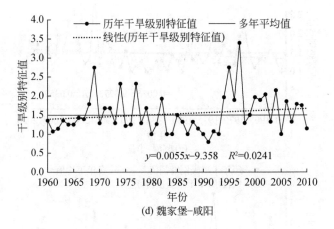

(d) 魏家堡-咸阳

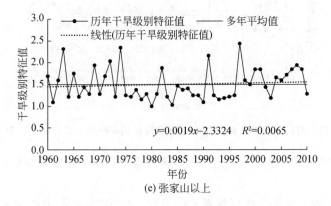

(e) 张家山以上

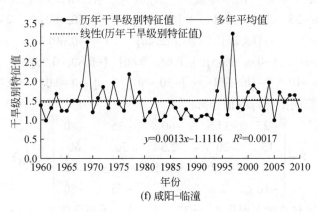

(f) 咸阳-临潼

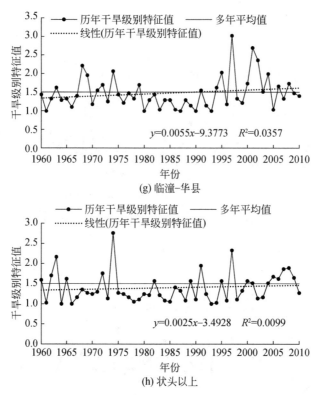

图 3.23　渭河流域各区域历年干旱级别特征值曲线图（雷江群等，2014）

以 1960 年北道-林家村区域为例，计算其历年干旱级别特征值，计算步骤具体如下。

将渭河流域干旱评价指标体系 5 个级别、4 个指标的标准值矩阵：

$$Y = \begin{bmatrix} > -25 & [-25,-50] & [50,-70] & [-70,-80] & < -80 \\ < 15 & [15,25] & [25,40] & [40,60] & > 60 \\ > 0.4 & [-0.4,-0.65] & [-0.65,-0.80] & [-0.80,-0.95] & < -0.95 \\ > -10 & [-10,-30] & [-30,-50] & [-50,-80] & < -80 \end{bmatrix}$$

转化为可供计算的指标标准值矩阵：

$$Y = \begin{bmatrix} -25 & -37.5 & -60 & -75 & -80 \\ 15 & 20 & 32.5 & 50 & 60 \\ -0.4 & -0.525 & -0.725 & -0.875 & -0.95 \\ -10 & -20 & -40 & -65 & -80 \end{bmatrix} = (y_{45})$$

1960 年该区域连续无雨日数 $x_2 = 32$，落入连续无雨日数指标的 2、3 级标准值之间，即落入区间 $[20, 32.5]$ 中，应用式（3.21）得 $\mu_{22}(u) = (32.5 - 32)/(32.5 - 20) = 0.04$，由对立统一定理得 $\mu_{23}(u) = 0.96$。小于 2 并大于 3 级别的指标相对隶属度为 0，即

$\mu_{21}(u) = 0$，$\mu_{24}(u) = 0$。则得连续无雨日数指标的相对隶属度向量 $\mu_2(u) =$ $(0, 0.04, 0.96, 0)$，对降水距平百分率、相对湿润度指数、河道来水量距平百分率三个指标进行类似的计算，得到指标相对隶属度矩阵为

$$\mu(u) = \begin{bmatrix} 1 & 0 & 0 & 0 & 0 \\ 0 & 0.04 & 0.96 & 0 & 0 \\ 1 & 0 & 0 & 0 & 0 \\ 1 & 0 & 0 & 0 & 0 \end{bmatrix}$$

利用表 3.27 中计算出的指标权重向量 $W = (0.296, 0.218, 0.264, 0.222)$，计算 u 对级别 h 的综合相对隶属度归一化向量 $v^0 = (0.782, 0.009, 0.209, 0, 0)$，应用式（3.23）得到 u 的级别特征值 $H(u) = 1.427$，即为该区域 1960 年干旱级别特征值。以此计算该区域其余年份及其他区域历年级别特征值，分析各区域干旱特征。

图 3.23 为渭河流域各区域历年干旱级别特征值曲线图。由图可知，各分区干旱级别特征值曲线斜率均大于 0，即 51 年来各分区干旱程度总体呈增加的趋势，但是变化幅度较缓慢。因此，整个渭河流域的干旱程度有缓慢加重的趋势。

分析可知，渭河流域 8 个区域中有 3 个区域没有渐变式质变点，分别为北道以上、张家山以上、状头以上；北道-林家村与林家村-魏家堡区域有 2 个渐变式质变点，分别在 1973 年和 1997 年；魏家堡-咸阳与临潼-华县区域只有 1 个渐变式质变点，在 1997 年；咸阳-临潼区域有 2 个渐变式质变点，分别在 1970 年和 1997 年；各区域其余年份均发生缓慢的量变。可见，渭河流域东南部质变点较明显，西北部则不明显。因此，整个渭河流域渐变式质变点出现在 1973 和 1990 年前后，也对应着 1960～2010 年里最旱年份大致位置。各区域干旱级别特征值综合相对差异度小于零的年份如表 3.28 所示。

表 3.28　渭河流域各区域干旱级别特征值相对差异度小于零的年份（雷江群等，2014）

区域	个数	年份
北道以上	0	—
北道-林家村	2	1973，1997
林家村-魏家堡	2	1973，1997
魏家堡-咸阳	1	1997
张家山以上	0	—
咸阳-临潼	2	1970，1997
临潼-华县	1	1997
状头以上	0	—

2. 干旱的空间变化分析

将渭河流域各区域 1960～2010 年的多年平均干旱级别特征值绘制在该流域分区图中，如图 3.24 所示，1960～2010 年平均干旱程度为林家村-魏家堡＞北道-林家村＞魏家堡-咸阳＞北道以上＞张家山以上＞咸阳-临潼＞临潼-华县＞状头以上。流域多年平均干旱程度的分布规律为东轻西重、南轻北重，并且呈现出由东南向西北逐渐加重的趋势。由此可见，渭河流域的干旱程度有明显的地域分布不均匀性。

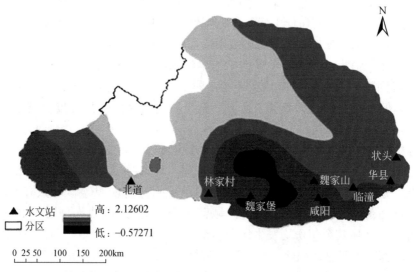

图 3.24　渭河流域各区域多年平均干旱级别特征值分区图

3. 渐变式质变点诊断及干旱趋势预测

采用累积距平法对渭河流域各区域干旱程度进行渐变式质变点的诊断及干旱趋势预测，可得各区域累积距平曲线（图 3.25）。可以看出，各区域累积距平值在 20 世纪 70 年代初期和 90 年代后期前后发生明显的趋势变化。因此，渭河流域干旱程度在 20 世纪 70 年代初期和 90 年代后期发生了渐变式质变，与上述可变模糊评价法计算的结果大致吻合，且与该流域的历史旱情符合，即在 1960～1973 年旱情中，1973 年前后由旱转为无旱，1994～1997 年旱情中，1997 年前后也有相同的变化。干旱程度从 20 世纪 60 年代后期开始加重，到 70 年代后期逐渐减轻，90 年代后期又呈现出加重趋势，且从曲线的走向预测未来干旱加重的趋势会持续下去。各区域历年干旱级别特征值累积距平曲线如图 3.25 所示。

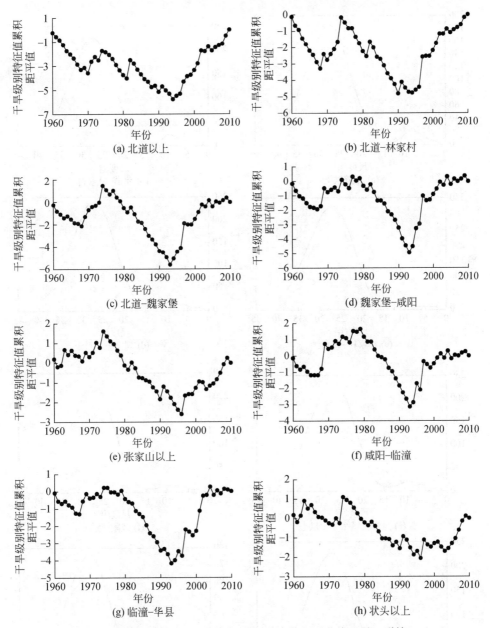

图 3.25　渭河流域各区域历年干旱级别特征值累积距平曲线（雷江群等，2014）

4. 干旱周期

采用小波分析方法绘制渭河流域各区域干旱级别特征值序列的小波方差图，如图 3.26 所示。由图可知，各区域 1960～2010 年干旱级别特征值序列小波方

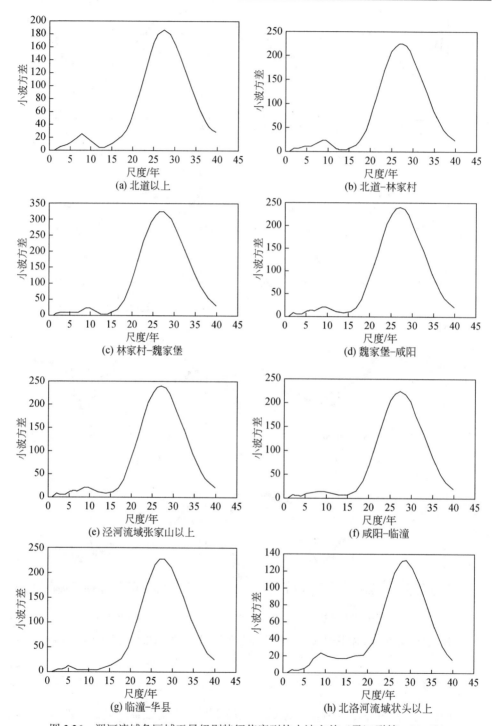

图 3.26 渭河流域各区域干旱级别特征值序列的小波方差（雷江群等，2014）

差有 2 个峰值，分别对应 8 年和 27 年左右的时间尺度。第一峰值为 27 年左右，说明干旱程度 27 年左右的周期震荡最强，为干旱程度的第 1 主周期，第 2 主周期为 8 年左右。将此结果与该流域历史旱情对比：历次旱情开始（终止）到下次旱情开始（终止）间隔 8 年左右；1960～1962 年旱情开始（终止）到 1986～1987 年旱情开始（终止）与 1971～1972 年旱情开始（终止）到 1994～1997 年旱情开始（终止）间隔 27 年左右，以此可预测未来旱情出现时间。

3.6.3　最大 1 日、3 日降水量基本规律分析

分析渭河流域主要站点最大 1 日、3 日降水量的基本特征，结果如表 3.29 所示。以最大 1 日降水量为例，由表可知，最大 1 日降水量的变差系数在 0.35 左右，各站最大值在 110～170mm，最小值在 20～43mm。最大值约为最小值的 5 倍，最大 3 日降水量的变化幅度大于最大 1 日降水量。

表 3.29　渭河流域主要站点最大 1 日、3 日降水量特征值

站名	C_v	最大值出现年份	最大值/mm	最大值/平均值	最小值出现年份	最小值/mm	最小值/平均值	最大值/最小值
				最大 1 日降水量				
宝鸡	0.40	1980	169.7	2.89	1985	43.8	0.75	3.87
华山	0.32	1970	120.1	1.77	1963	30.4	0.45	3.95
铜川	0.37	1969	113.6	2.08	1974	20.4	0.37	5.57
吴起	0.36	1999	113.4	2.14	1987	22.7	0.43	5.00
武功	0.41	2006	140.8	2.43	1993	20.6	0.36	6.83
西安	0.38	1991	110.7	2.17	1993	23.7	0.46	4.67
站名	C_v	最大值出现年份	最大值/mm	最大值/平均值	最小值出现年份	最小值/mm	最小值/平均值	最大值/最小值
				最大 3 日降水量				
宝鸡	0.37	1981	191.7	2.28	1995	29.1	0.35	6.59
华山	0.35	1982	251.8	2.65	2001	45.9	0.48	5.49
铜川	0.37	1998	170.2	2.16	1986	40.0	0.51	4.26
吴起	0.29	1999	137.6	1.93	1987	25.5	0.36	5.40
武功	0.38	2011	161.6	2.09	2012	13.1	0.17	12.34
西安	0.30	1998	135.9	1.92	1995	28.4	0.40	4.79

采用 Spearman 秩次相关检验法和 Mann-Kendall 趋势检验法，对渭河流域主要站点的最大 1 日降水和最大 3 日降水序列进行趋势性分析，结果见表 3.30。可以看出，渭河流域各站最大 1 日降水量和最大 3 日降水量存在一定的上升或下降趋势，但趋势不显著。

表 3.30　渭河流域主要站点最大 1 日、3 日降水序列趋势性分析

站名	最大 1 日降水量	最大 3 日降水量	站名	最大 1 日降水量	最大 3 日降水量
吴起	不显著下降	不显著上升	镇安	不显著上升	不显著下降
铜川	不显著上升	不显著上升	长武	不显著上升	不显著上升
宝鸡	不显著下降	不显著下降	西吉	不显著上升	不显著上升
武功	不显著上升	不显著上升	固原	不显著上升	不显著上升
西安	不显著上升	不显著上升	西峰	不显著下降	不显著下降
华山	不显著下降	不显著下降	天水	不显著下降	不显著下降
佛坪	不显著上升	不显著上升	平凉	不显著下降	不显著下降
洛川	不显著下降	不显著上升	岷县	不显著下降	不显著下降
商州	不显著上升	不显著上升	环县	不显著上升	不显著上升
延安	不显著下降	不显著下降	华家岭	不显著下降	不显著下降
耀县	不显著上升	不显著上升	临洮	不显著下降	不显著下降

　　本章主要介绍了小波分析方法、Mann-Kendall 趋势检验法和 R/S 分析法等统计方法，并采用上述方法全面分析了渭河流域的降水量、气温、潜在蒸发量、径流量以及极端水文事件的时空演变规律。

第 4 章　水文气象要素的变异诊断

4.1　变异点与突变点的关系及含义

目前，许多研究领域将突变点和变异点混为一谈，未对两者加以区分。但是，随着研究的深入，发现两者是有区别的，它们犹如高等数学中的极值点和驻点，具有不同的含义和意义。

高等数学对驻点、拐点和极值点进行了定义。如图 4.1 所示，驻点为满足函数 $f'(x_0)=0$ 时的 x_0 点；拐点指连续曲线弧的下凹曲线和上凹曲线的转折点，即需要同时满足 $f'(x_0)=0$ 和 $f''(x_0)=0$ 的 x_0 点；极值点的定义为：函数 $y=f(x)$ 在给定的 x_0 邻域内，都存在 $f(x) \geqslant f(x_0)$，则 x_0 是 $f(x)$ 的极小值点，并且 $f'(x_0)=0$，$f''(x_0)>0$；反之，则 x_0 是 $f(x)$ 的极大值点，并且 $f'(x_0)=0$，$f''(x_0)<0$。另外，早在 1973 年 Thom 提出了突变理论，采用参数的动态变化来描述系统变化，当参数作为某一临界值时，系统在此处发生了一定程度上的变化，称其为突变点。综上所述，水文研究中的变异点和突变点是有区别的。水文研究中的突变点相当于高等数学中的驻点，属于量变，突变点前后的序列变化趋势不发生改变；变异点相当于高等数学中的极值点，属于质变，变异点前后的序列变化趋势发生了改变，即变异点指由量变到质变的飞跃点，但突变点是发生量变的点。

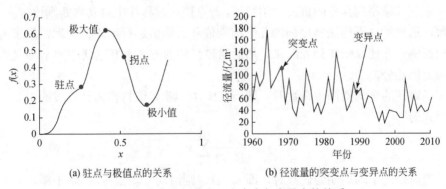

(a) 驻点与极值点的关系　　　　(b) 径流量的突变点与变异点的关系

图 4.1　驻点与极值点、突变点与变异点的关系

一般来说，突变点是突然变化的点，而变异点是发生质变的点。本书研究的突变点和变异点与高等数学中的驻点和极值点类似，其极值点一定为驻点，但驻点则不一定为极值点。因此，可以肯定的是变异点一定为突变点，但突变点则不

一定为变异点。遗憾的是，数学上突变点与变异点关系的证明不能按照定义驻点与极值点那样。如何对突变点与变异点进行准确定义，不仅是水文学上的难题，而且是数学上的难题。

4.2　水文气象要素变异诊断方法

当前，已经开展了诸多针对水文气象要素变异诊断的研究工作。对水文气象要素时间序列进行变异诊断的主要目的是判断该水文气象序列是否存在变异，并判断变异发生的时间、地点。在水文气象要素变异点的识别方法上已经取得了较多研究成果，主要分为两类：一类是定性判断方法，此类方法相对简单，计算方便，能够定性判断序列是否发生变异；另一类是定量判断方法，该类方法依据不同理论和不同指标，从不同角度进行分析，能够定量诊断序列发生变异的时间。

4.2.1　定性判断方法

定性判断方法简单处理检验水文气象序列,直观诊断水文气象序列是否存在变异。目前，主要的定性判断方法有过程线法、滑动平均法、累积距平法、Hurst指数法（见第 3 章）等。

1）过程线法

过程线法是将水文气象序列中各值按照时间顺序依次绘在方格纸上，形成过程线，通过对过程线的观察初步定性判断是否有变异出现。

2）滑动平均法

水文气象序列具有随机波动的特性,若直接从过程线中对其判断则比较困难。因此，通过滑动平均法将序列的几个前期值和后期值进行平均化处理，用于消除波动影响，并使原始序列光滑化，然后通过目估的方式来判别新序列 y_t 中是否存在明显的趋势。

当震荡的平均周期为奇数时，即 $m=2k+1$，则 y_t 值将作为计算段的中心，计算公式为

$$y_t = \frac{1}{2k+1}\sum_{i=-k}^{i=k}x_{t+i} \tag{4.1}$$

当震荡的平均周期为偶数时，即 $m=2k$，则滑动平均依然取 $2k+1$ 项，除首尾项外，其他各项权重值取为 2，即

$$y_t = \frac{1}{4k+1}(x_{t-k}+2x_{t-k+1}+\cdots+2x_{t+k-1}+x_{t+k}) \tag{4.2}$$

式中，k 为自然数（0，1，2，3，…）（吕琳莉等，2013）。

3）累积距平法

累积距平法是一种通过曲线直观诊断趋势变化的常用方法（吴喜军等，2014）。对于序列 x，其某一时刻 t 的累积距平表示为

$$\overline{x_t} = \sum_{i=1}^{t} (x_i - \overline{x}) \quad t = 1, 2, \cdots, n \quad (4.3)$$

其中

$$\overline{x} = \frac{1}{n} \sum_{i=1}^{t} x_i \quad (4.4)$$

式中，x_i 表示 t 时刻序列 x 的值。

计算 n 个时刻的全部累积距平值，即能绘制出累积距平曲线，从而进行趋势分析（李海东等，2010）。通过观察法，从变化趋势中找出变异点。

4.2.2 定量诊断方法

目前，常用定量诊断方法有以下几种。

1）滑动 t 检验法

滑动 t 检验法是根据两组样本平均值的差异程度是否显著来检测变异，其基本思想是检验水文气象序列中两段子序列的平均值之间是否存在显著差异，从而表征两个总体平均值之间是否存在显著差异。若两段子序列的平均值差异在一定的显著性水平之上，即可认为平均值发生了质变，有变异发生（贾文雄等，2008）。

假设时间序列 x 具有 n 个样本量，若人为设置某一时刻为基准点，则基准点前后两段子序列 x_1 和 x_2 的样本分别记为 n_1 和 n_2，其平均值分别记为 $\overline{x_1}$ 和 $\overline{x_2}$（龚建平等，2010）。定义统计量为

$$t = \frac{\overline{x_1} - \overline{x_2}}{s \cdot \sqrt{\frac{1}{n_1} + \frac{1}{n_2}}} \quad (4.5)$$

其中

$$s = \sqrt{\frac{n_1 s_1^2 + n_2 s_2^2}{n_1 + n_2 - 2}} \quad (4.6)$$

式（4.6）服从自由度 $v = n_1 + n_2 - 2$ 的 t 分布。

由于该方法子序列时间段是人为选择的，具体使用时，为防止任意选择的子序列长度不合适而产生变异点漂移，可以通过反复改变子序列长度来进行试验比较，从而提高计算结果的可靠性（滕方达等，2018）。

2）克拉默法

克拉默法的原理和滑动 t 检验法类似，区别在于它是通过对一个子序列的平

均值和总序列的平均值间的显著差异进行对比来对变异点进行检测（高建芸，2005）。

设总序列 x 和子序列 x_1 的均值分别为 $\overline{x}$ 和 $\overline{x}_1$，其总序列的方差为 s，可定义统计量为

$$t = \sqrt{\frac{n_1(n-2)}{n - n_1(1+\tau)} \cdot \tau} \tag{4.7}$$

式中，n 为总序列样本的长度；n_1 为子序列样本的长度。

$$\tau = \frac{\overline{x_1 - \overline{x}}}{s} \tag{4.8}$$

式（4.8）服从自由度为 $n-2$ 的 t 分布。

由于这一方法也要人为确定子序列的长度，在具体使用时，应采用反复变动子序列长度的方法来提高计算结果的可靠性（高建芸，2005）。

3）山本法

山本法（张文，2007）的原理是：对于时间序列 x，人为规定某一时刻作为基准点，则基准点前后两段子序列 x_1 和 x_2 的样本分别为 n_1 和 n_2，两段子序列平均值分别为 $\overline{x}_1$ 和 $\overline{x}_2$，其标准差分别为 s_1 和 s_2，则可以定义信噪比为

$$\text{SNR} = \frac{|\overline{x_1}| - |\overline{x_2}|}{s_1 + s_2} \tag{4.9}$$

$\text{SNR}_i > 1.0$，认为在 i 时刻有突变发生；$\text{SNR}_i > 2.0$，认为在 i 时刻有强突变发生。

式（4.9）的含义为：两段子序列的均值差的绝对值代表气候变化的信号，但它们的标准差 s_1 和 s_2 则可以视为噪声。信噪比还有一些其他的定义，但与其相似（张文，2007）。

在 t 检验中，假设两段子序列样本相同，即 $n_1 = n_2 = I_H$。

$$t = \frac{\overline{x_1} - \overline{x_2}}{s \cdot \sqrt{\frac{1}{n_1} + \frac{1}{n_2}}} \tag{4.10}$$

$$t > \text{SNR}\sqrt{I_H} \tag{4.11}$$

若 $|t| > t_\alpha$，则说明在 α 显著性水平下，两段子序列的均值存在显著性差异，即认为基准点发生了变异。

4）Mann-Kendall 突变检验法

对于具有 n 个样本量的时间序列 x，其可构造一秩序列为

$$s_k = \sum_{i=1}^{k} r_i \quad k = 2, 3, \cdots, n \tag{4.12}$$

其中

$$r_i = \begin{cases} 1, & x_i > x_j \\ 0, & x_i \leqslant x_j \end{cases} \quad j = 1,2,3,\cdots,i \qquad (4.13)$$

定义统计量：

$$\mathrm{UF}_k = \frac{[s_k - E(s_k)]}{\sqrt{\mathrm{Var}(s_k)}} \quad k = 1,2,3,\cdots,n \qquad (4.14)$$

式中，$\mathrm{UF}_1 = 0$；$E(s_k)$ 是累计数 s_k 的数学期望，当 $x_1, x_2, \cdots, x_n$ 相互独立且服从相同连续分布时，计算公式如下：

$$E(s_k) = \begin{cases} E(s_k) = \dfrac{k(k-1)}{4} \\ \mathrm{Var}(s_k) = \dfrac{k(k-1)(2k+5)}{72} \end{cases} \quad k = 2,3,\cdots,n \qquad (4.15)$$

UF_i 为标准正态分布，是依据时间序列 x 的顺序 $x_1, x_2, \cdots, x_n$ 计算得到的统计序列，当给定显著性水平 α 时，若 $|\mathrm{UF}_i| > U_\alpha$，则代表序列存在明显的趋势变化。

根据时间序列 x 逆序 $x_n, x_{n-1}, \cdots, x_1$，再次重复上述的过程，同时使 $\mathrm{UB}_k = -\mathrm{UF}_k$（$k=n$，$n-1$，$\cdots$，1）。绘制出 UB_k 和 UF_k 的曲线图。如果 UF_k 的值大于 0，则说明序列呈现上升的趋势；其值小于 0，则表明具有下降趋势。当它们超过临界直线时，表明上升或下降趋势显著。若 UB_k 和 UF_k 两条曲线存在交点，且交点在临界线之间，则可以判定水文气象序列在交点对应的时刻发生了变异（曹洁萍等，2008）。

5）Pettitt 法

Pettitt 法的原理是（陈占寿等，2014）：对于具有 n 个样本量的时间序列 x，可以构造一秩序列为

$$s_{k,\mathrm{p}} = \sum_{i=1}^{k} r_i \quad k = 2,3,\cdots,n \qquad (4.16)$$

其中

$$r_i = \begin{cases} +1 & x_i > x_j \\ 0 & x_i = x_j \\ -1 & x_i < x_j \end{cases} \quad j = 1,2,3,\cdots,i \qquad (4.17)$$

Pettitt 法是直接利用秩序列来检验变异点的。若 t_0 时刻满足：

$$k_{t_0} = \max |s_{k,\mathrm{p}}| \quad k = 2,3,\cdots,n \qquad (4.18)$$

则 t_0 点为变异点。计算统计量：

$$P = 2\exp\left[-6k_{t_0}{}^2 \left(n^3 + n^2\right)\right] \qquad (4.19)$$

若 $P \leqslant 0.5$，则认为检验出的变异点在统计意义上是显著的。

6）勒帕热法

勒帕热法是一种双样本的非参数检验方法，其统计量由标准的 Wilcoxon 检验和 Ansarity-Bradley 检验之和构成。它是一种用来检验两个独立总体间有无显著性差异的非参数统计检验方法。采用其对序列的变异进行检验，基本思想是将序列中的两个子序列视为两个独立总体，通过统计检验，若两个子序列间存在显著差异，则可认为其在划分子序列的基准点时刻发生了变异（谢今范等，2012）。

假定基准点前的子序列的样本量为 n_1，之后的子序列样本量为 n_2，$n_{12}=n_1+n_2$。在 n_{12} 范围之内计算秩序列 U_i，若极小值出现在基准点之前，则 $U_i=1$；反之，则 $U_i=0$。

构造一秩统计量为

$$W = \sum_{i=1}^{n_{12}} iU_i \tag{4.20}$$

式（4.20）是两子序列的累计数，其均值和方差分别为

$$\begin{cases} E(W) = \dfrac{1}{2}n_1(n_1+n_2+1) \\ V(W) = \dfrac{1}{12}n_1 n_2(n_1+n_2+1) \end{cases} \tag{4.21}$$

构造一秩统计量为

$$A = \sum_{i=1}^{n_1} iU_i + \sum_{i=n_1+1}^{n_{12}} (n_{12}-i+1)U_i \tag{4.22}$$

当 n_1+n_2 为偶数，A 的均值和方差分别为

$$\begin{cases} E(A) = \dfrac{1}{4}n_1(n_1+n_2+2) \\ V(A) = \dfrac{n_1 n_2(n_1+n_2-2)(n_1+n_2+2)}{48(n_1+n_2-1)} \end{cases} \tag{4.23}$$

当 n_1+n_2 为奇数，A 的均值和方差分别为

$$\begin{cases} E(A) = \dfrac{n_1(n_1+n_2+1)^2}{4(n_1+n_2)} \\ V(A) = \dfrac{n_1 n_2(n_1+n_2+1)[(n_1+n_2)^2+3]}{48(n_1+n_2)^2} \end{cases} \tag{4.24}$$

至此，可以构成联合统计量（HK）为

$$HK = \dfrac{[W-E(W)]^2}{V(W)} + \dfrac{[A-E(A)]^2}{V(A)} \tag{4.25}$$

当样本量 $n \geqslant 10$ 时，HK 渐进具有自由度为 2 的 χ^2 分布。若 HK_i 值超过临界

值，则说明第 i 时刻之前的样本和第 i 时刻之后的样本间具有显著性差异，即可认为时间序列在 i 时刻出现了变异。

因为需要人为选择子序列的长度，所以在使用时需要反复变动子序列的长度，以防止变异点的飘移而给解释带来困难。

7）有序聚类分析

依据有序聚类分析识别最可能的干扰点 τ_0，其实质在于求算最优分割点，从而使同类之间的离差平方和较小（胡义明等，2011）。对序列 x_t（$t=1, 2, \cdots, n$），设可能分割点为 τ，则分割点前后离差平方和表示为

$$V_\tau = \sum_{t=1}^{\tau}(x_t - \bar{x}_\tau)^2 , \qquad V_{n-\tau} = \sum_{t=\tau+1}^{n}(x_t - \bar{x}_{n-\tau})^2 \qquad (4.26)$$

式中，

$$\bar{x}_\tau = \frac{1}{\tau}\sum_{t=1}^{\tau}x_t , \quad \bar{x}_{n-\tau} = \frac{1}{n-\tau}\sum_{t=\tau+1}^{n}x_t \qquad (4.27)$$

总离差平方和为

$$S_n(\tau) = V_\tau + V_{n-\tau} \qquad (4.28)$$

最优二分割为

$$S_n^* = \min_{-1 \leqslant \tau \leqslant 1}\{S_n(\tau)\} \qquad (4.29)$$

将满足上述条件的 τ 记为 τ_0，将其视为最可能的分割点。确定最终分割点，需进一步对分割样本进行检验，常用方法有秩和检验法和游程检验法。

（1）秩和检验法。假定分割点 τ_0 前后，两个序列总体的分布函数是 $F_1(x)$ 与 $F_2(x)$，在总体中分别抽取容量为 n_1 与 n_2 的样本，需要检验原假设：$F_1(x)=F_2(x)$。

把两个样本数据按照大小次序进行排列，并对其统一编号，将每个数据在排列中所对应的序数作为该数的秩。把容量小的样本各数值的秩和记为 W，然后以 W 为统计量来进行检验。若 $n_1, n_2 > 10$，则统计量 W 近似于正态分布 $N\left(\dfrac{n_1(n_1 + n_2 + 1)}{2}, \dfrac{n_1 n_2(n_1 + n_2 + 1)}{12}\right)$。因此，可以采用 U 检验法，其统计量为

$$U = \frac{W - \dfrac{n_1(n_1 + n_2 + 1)}{2}}{\sqrt{\dfrac{n_1 n_2(n_1 + n_2 + 1)}{12}}} \qquad (4.30)$$

（2）游程检验法。若 n_1, n_2 分别来自两个总体，原假设为：两个总体具有同分布函数。在证明原假设时，$n_1, n_2 > 20$，游程总个数 K 迅速趋于正态分布 $N\left(1 + \dfrac{2n_1 n_2}{n}, \dfrac{2n_1 n_2(2n_1 n_2 - n)}{n^2(n-1)}\right)$。

采用 U 检验法时的统计量：

$$U = \frac{K - \left(1 + \dfrac{2n_1n_2}{n}\right)}{\sqrt{\dfrac{2n_1n_2(2n_1n_2 - n)}{n^2(n-1)}}} \qquad (4.31)$$

以上统计量均服从标准正态分布，其中 $n = n_1 + n_2$。选择显著性水平 α，查正态分布表得到临界值 $U_{\alpha/2}$。若 $|U| < U_{\alpha/2}$，则接受原假设，表示突变不显著；反之，突变显著。

8）启发式分割法

对一个由 n 个样本构成的时间序列 x_t，从前到后逐次计算每个点左右两边序列的平均值 μ_{1i} 和 μ_{2i}（$i=1$，2，$\cdots$，n）及标准差 S_{1i} 和 S_{2i}，则第 i 点的联合偏差 S_{Di} 为

$$S_{Di} = \sqrt{\left(\frac{S_{1i}^{\,2} + S_{2i}^{\,2}}{n_1 + n_2 - 2}\right) \times \left(\frac{1}{n_1} + \frac{1}{n_2}\right)} \qquad (4.32)$$

式中，n_1，n_2 分别为第 i 点左右两边序列的样本数。

构建 t 检验的统计量 T_i：

$$T_i = \left| \frac{\mu_{1i} - \mu_{2i}}{S_{Di}} \right| \qquad (4.33)$$

对原序列 x_t 中每一点重复上述的计算过程，从而得到和 x_t 一一对应的分检验统计量序列 T_t，T_t 越大，说明该点前后两部分的均值相差越大（薛娟等，2013）。统计 T_t 中的最大值 $T_{\max}$ 的显著性 P（$T_{\max}$）：

$$P(T_{\max}) = P(T \leqslant T_{\max}) \qquad (4.34)$$

在随机过程中，$P(T_{\max})$ 表示 T 值小于等于 $T_{\max}$ 的概率。通常情况下，$P(T_{\max})$ 可以近似表示为

$$P(T_{\max}) \approx \left[1 - I_{v/(v+T_{\max}^2)}(\delta v, \delta) \right]^{\gamma} \qquad (4.35)$$

由蒙特卡罗模拟可得：时间序列 x_t 的长度为 n，$v=n-2$，$\delta = 0.40$，$\gamma = 4.19\ln n - 11.54$，$I_x(a,b)$ 为不完全贝塔函数。设定一个临界值 P_0，若 $P(T_{\max}) \geqslant P_0$，则将该点 x_t 作为一个变异分割点，否则不分割。

按照上述步骤分别对新得到的两个子序列进行重复计算，若子序列的计算结果满足 $P(T_{\max}) \geqslant P_0$，则分割子序列；反之，则不分割。一直重复该过程直至所有的子序列不分割。为了保证统计的有效性，在子序列的长度小于等于 l_0（l_0 为最小分割长度）时不再对其进行分割。通过上述计算，将原序列分割为若干不同均值的子序列，分割点即为序列的突变点。一般情况下，要求 l_0 的取值不小于 25，P_0 可取 0.5～0.95（汤瑞琪等，2013）。

9）V/S 分析法

对于任意一时间序列样本 $\{x_t; t = 1, 2, \cdots, n\}$，Giraitis 等（2003）用序列的方差代替公式中的累积离差的极差，定义一种新的非参数统计量 V/S：

$$(V/S)_n = \frac{1}{nS_n^2}\left\{\sum_{k=1}^{n}\sum_{t=1}^{k}(x_t - \overline{x})^2 - \frac{1}{n}\left[\sum_{k=1}^{n}\sum_{t=1}^{k}(x_t - \overline{x})\right]^2\right\} \qquad (4.36)$$

式中，$S_n = \sqrt{\dfrac{1}{n}\sum_{t=1}^{n}(x_t - \overline{x})^2}$ 为序列标准差；$\overline{x} = \dfrac{1}{n}\sum_{t=1}^{n}x_t$ 为序列均值；$\dfrac{1}{n}\left[\sum_{k=1}^{n}\sum_{t=1}^{k}(x_t - \overline{x})\right]$

为序列中心化公式。

V/S 分析法和 R/S 分析法具有相似的性质：$V/S \propto n^H$。V/S 分析法的 Hurst 指数估计与 R/S 分析法基本类似，即绘制 $(V/S)_n$ 与 n 的 $\lg n \sim \lg(V/S)_n$ 散点图，通过线性回归估计直线的斜率，不同之处在于 V/S 分析法的 Hurst 指数为斜率的 1/2。R/S 分析法和 V/S 分析法在形式上较为相似，但相关研究表明在有效性方面特别是短期敏感性方面 V/S 分析法更加稳健。V/S 分析法增加了"中心化"公式部分，Giraitis 等（2003）指出，"中心化"公式部分的增加，使得 V/S 分析法对于序列的方差偏移更具敏感性，在长记忆的诊断方面比 KPSS 更加稳健有效。

Giraitis 等（2003）同时指出，在无记忆零假设条件下，V/S 统计量的渐进分布为

$$F_{V/S}(x) = 1 + 2\sum_{k=1}^{\infty}(-1)\,e^{-2k^2\pi^2x} \qquad (4.37)$$

根据式（4.37）可以得到 V/S 统计量的常用临界值，见表 4.1。如果在显著性水平等于 0.05 情况下，V/S 统计量值小于 0.1869，则认为序列不存在显著的长记忆特性，因此可通过对 V/S 统计量显著性的检验反映序列是否具有长记忆特性。

表 4.1　不同显著性水平下 V/S 统计量临界值

$P(X<x)$	x	$P(X<x)$	x	$P(X<x)$	x	$P(X<x)$	x
0.005	0.0176	0.2	0.0421	0.6	0.0812	0.9	0.1518
0.025	0.0234	0.3	0.0506	0.6167	1/12	0.95	0.1869
0.05	0.0273	0.4	0.0594	0.7	0.096	0.975	0.222
0.1	0.033	0.5	0.0693	0.8	0.1166	0.995	0.3036

10）滑动 F 检验法

传统 F 检验法的缺点在于只能对计算出的变异点进行检验，而不能通过它寻找变异点。滑动 F 检验法是对原水文序列进行传统 F 检验，找出所有的可能变异点，从中确定 F 的极大值作为最有可能的变异点。

取任一样本序列为 n 的水文序列，以变异点为基准点将样本分为容量分别为 n_1 和 n_2 的两个序列 $x_1, x_2, \cdots, x_{n_1}$ 和 $y_1, y_2, \cdots, y_{n_2}$。其样本均值和方差分别为

$$\bar{x} = \frac{1}{n_1}\sum_{i=1}^{n_1}x_i, \bar{y} = \frac{1}{n_2}\sum_{i=1}^{n_2}y_i \qquad (4.38)$$

$$s_1^2 = \frac{1}{n_1}\sum_{i=1}^{n_1}(x_i - \bar{x})^2, s_2^2 = \frac{1}{n_1}\sum_{i=1}^{n_1}(y_i - \bar{y})^2 \qquad (4.39)$$

令 $S_1^{*2} = \dfrac{n_1}{n_1-1}S_1^2$，$S_2^{*2} = \dfrac{n_2}{n_2-1}S_2^2$，若 $S_1^{*2} > S_2^{*2}$，则 $F = S_1^{*2}/S_2^{*2}$，其自由度分别为 $V_1 = n_1 - 1$ 和 $V_2 = n_2 - 1$；若 $S_1^{*2} < S_2^{*2}$，则 $F = S_2^{*2}/S_1^{*2}$，其自由度分别为 $V_1 = n_2 - 1$ 和 $V_2 = n_1 - 1$。

取置信度水平为 α，以 V_1、V_2 查 F 分布表得出临界值 F_α，将 F_α 与计算值 F 比较。若 $F > F_\alpha$，则拒绝原假设，认为序列差异显著，τ 点可能为变异点，反之则相反。

4.3　渭河流域气象要素的变异诊断

4.3.1　降水序列的变异诊断

采用 Mann-Kendall 突变检验法，对渭河流域的降水序列进行变异诊断，其结果如图 4.2 所示。分析可知，渭河流域各站的降水序列均存在变异点：北道站出现于 1982 年，林家村站出现于 1991 年，魏家堡站出现于 1990 年，咸阳站出现于 1990 年，张家山站出现于 1971 年，临潼站出现于 1977 年，华县站出现于 1989 年，状头站出现于 1971 年，全流域出现于 1971 年。

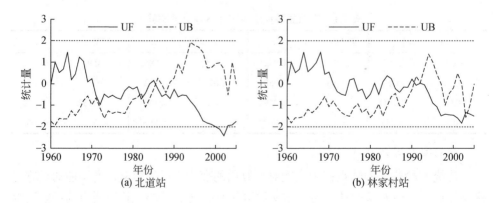

(a) 北道站　　　　　　　　　　　　　　(b) 林家村站

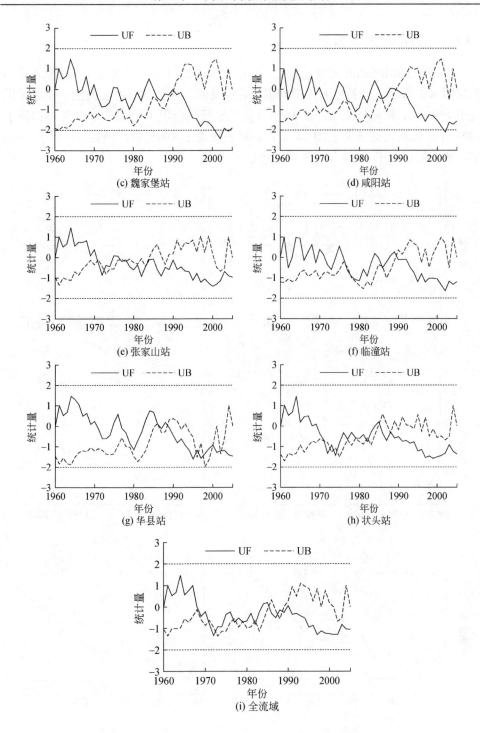

图 4.2　渭河流域降水序列 Mann-Kendall 突变检验法变异诊断结果

4.3.2　气温序列的变异诊断

采用 Mann-Kendall 突变检验法，对渭河流域的气温序列进行变异诊断，其结果如图 4.3 所示。分析可知，渭河流域各站的气温序列均存在变异点：北道站出现于 1994 年，林家村站出现于 1993 年，魏家堡站出现于 1993 年，咸阳站出现于 1995 年，张家山站出现于 1994 年，临潼站出现于 1995 年，华县站出现于 1994 年，状头站出现于 1994 年，全流域出现于 1994 年。

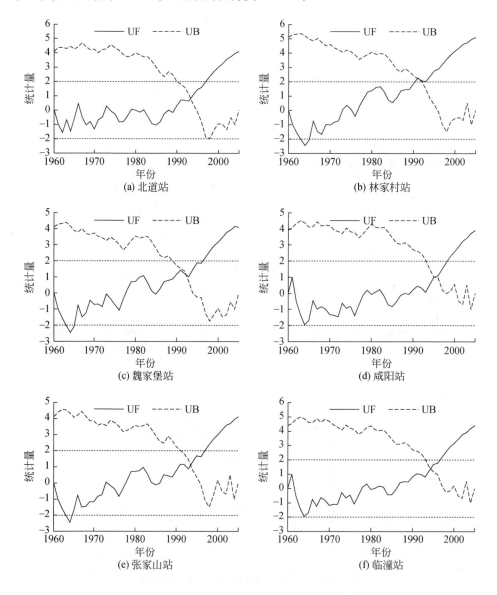

(a) 北道站　　　　　　　　　　(b) 林家村站

(c) 魏家堡站　　　　　　　　　(d) 咸阳站

(e) 张家山站　　　　　　　　　(f) 临潼站

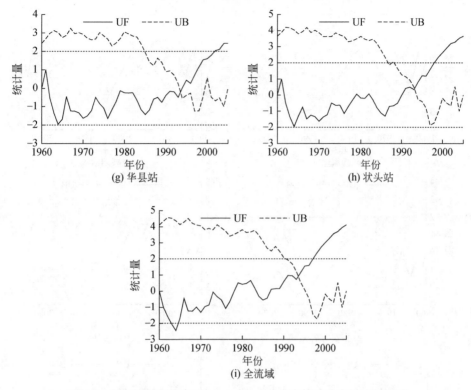

图 4.3　渭河流域气温序列 Mann-Kendall 突变检验法变异诊断结果

4.3.3　潜在蒸发序列的变异诊断

采用 Mann-Kendall 突变检验法，对渭河流域的潜在蒸发序列进行变异诊断，其结果如图 4.4 所示。分析可知，渭河流域各站的潜在蒸发序列除了华县站外均存在变异点：北道站变异点出现于 1968 年，林家村站变异点为 1965 年，魏家堡站变异点为 1978 年，咸阳站变异点为 1974 年，张家山变异点为 1968 年，临潼站

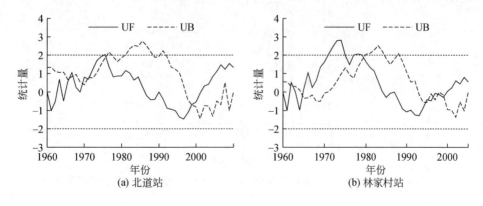

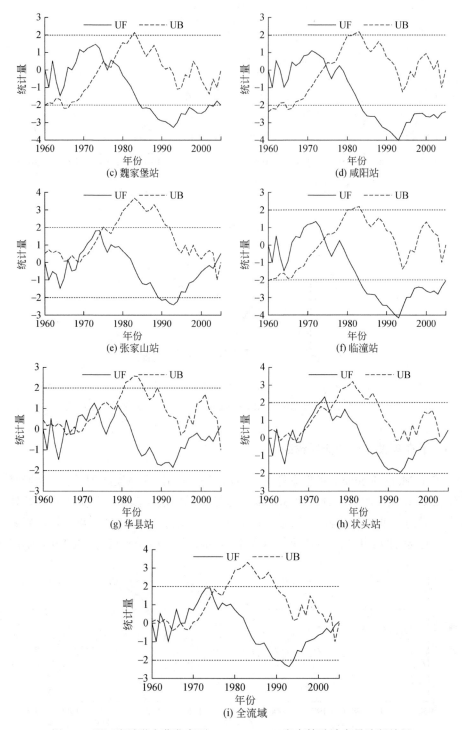

图 4.4　渭河流域潜在蒸发序列 Mann-Kendall 突变检验法变异诊断结果

变异点为 1974 年，华县站无变异点出现，状头站变异点为 1968 年，全流域变异点为 1974 年。

4.4　渭河流域水文要素的变异诊断

4.4.1　累积距平法与 Mann-Kendall 突变检验法

将累积距平法与 Mann-Kendall 突变检验法相结合对流域径流序列进行变异诊断检测，结果见表 4.2。通过 Mann-Kendall 突变检验法得到统计量 U 的顺序、逆序变化曲线 UF、UB。取显著性水平，得到两条临界线，若 UF、UB 曲线在临界线间有交点，则表明存在满足一定置信度的变异点，结果见图 4.5 和图 4.6。分析可知，渭河流域各站径流序列均存在变异点：北道站出现于 1987 年，林家村站出现于 1970 年、1985 年，魏家堡站出现于 1988 年，咸阳站出现于 1970 年、1985 年，张家山以上出现于 1971 年、1985 年，临潼站出现于 1970 年、1990 年，华县站出现于 1970 年、1990 年，状头站出现于 1994 年，全流域出现于 1971 年、1991 年。

表 4.2　基于累积距平法和 Mann-Kendall 突变检验法的渭河流域主要站点及
区域径流序列变异点

站点/区域	变异点个数	年份	
		第 1 个变异点	第 2 个变异点
北道	1	1987	—
北道-林家村	2	1971	1985
林家村	2	1970	1985
林家村-魏家堡	2	1970	1991
魏家堡	1	1988	
魏家堡-咸阳	2	1972	1989
咸阳	2	1970	1985
张家山以上	2	1971	1985
咸阳-临潼	2	1972	1990
临潼	2	1970	1990
临潼-华县	2	1971	1986
华县	2	1970	1990
状头	1	1994	—
全流域	2	1971	1991

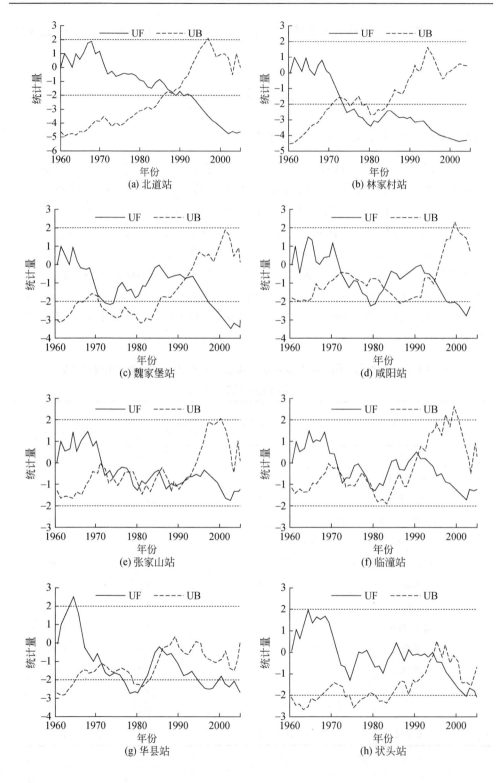

(a) 北道站

(b) 林家村站

(c) 魏家堡站

(d) 咸阳站

(e) 张家山站

(f) 临潼站

(g) 华县站

(h) 状头站

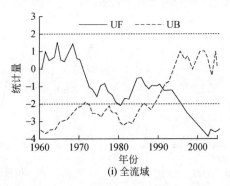

(i) 全流域

图 4.5 渭河流域径流序列 Mann-Kendall 突变检验法变异诊断结果

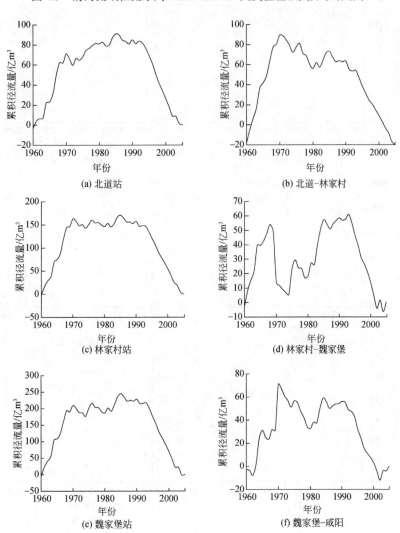

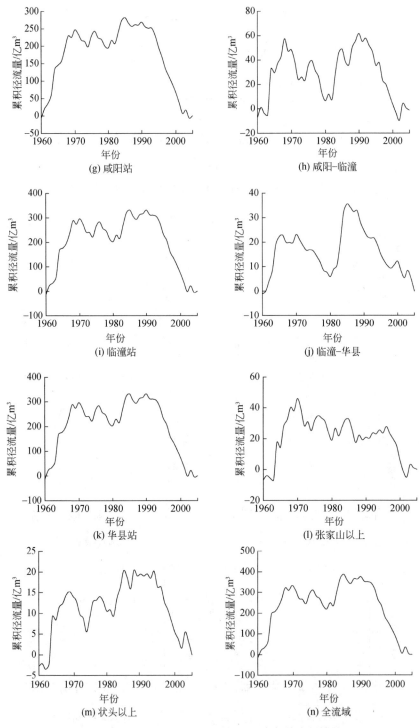

图4.6 渭河流域径流序列累积距平法变异诊断结果

4.4.2　有序聚类分析法

采用有序聚类分析法对流域径流序列进行变异诊断，结果见表 4.3。

表 4.3　基于有序聚类分析法的渭河流域部分水文站径流序列变异点

站名	变异点个数	年份	
		第 1 个变异点	第 2 个变异点
林家村	2	1971	1994
魏家堡	2	1969	1994
咸阳	2	1969	1994
临潼	2	1969	1994
华县	2	1969	1994
张家山	0	—	—

本章介绍了变异点与突变点的关系及含义，以及常用的水文气象序列变异诊断方法，并将其应用于渭河流域水文气象要素变异诊断中。

第 5 章　水文气象序列变异综合诊断研究

当前，水文气象序列变异诊断研究多是对水文气象序列采用一种或两种变异诊断方法通过判断获得变异点。然而，每种变异诊断方法都有自身的适用性和局限性，所得到的变异点容易受到方法自身局限性的影响而存在差异或者真伪（樊晶晶等，2016）。为了科学合理地诊断水文气象要素的变异点，本章将系统地分析国内外水文气象要素变异诊断方法，并研究水文气象要素变异综合诊断方法和体系，科学地识别水文气象序列的真实变异点。

5.1　多种变异诊断方法比较

采用多种变异诊断方法对渭河流域各水文站进行变异诊断分析，出现变异年份的概率分布结果如表 5.1 所示。由表可知，不同的方法诊断得到的结果不同，在各个年代至少有一种方法诊断出该年代存在变异点。20 世纪 80 年代和 90 年代用不同方法均被诊断出存在变异点，其中 90 年代出现比例较高，即 90 年代出现变异的概率最大。

表 5.1　不同方法出现变异年份概率分布

方法		20 世纪 60 年代	20 世纪 70 年代	20 世纪 80 年代	20 世纪 90 年代	21 世纪 00 年代
Mann-Kendall 突变检验法	变异点数	0	0	2	3	0
	变异概率	——	——	40%	60%	——
相关分析法	变异点数	0	0	3	8	0
	变异概率	——	——	27%	73%	——
累积距平法	变异点数	2	3	2	4	0
	变异概率	18%	27%	18%	36%	——
有序聚类法	变异点数	5	1	5	6	0
	变异概率	29%	6%	29%	35%	——
滑动 t 检验法	变异点数	4	3	1	5	4
	变异概率	24%	18%	6%	29%	24%

5.2　水文气象要素变异等级划分

5.2.1　径流变异量化指标分析

　　水文统计参数可以反映水文序列最基本的统计规律，能够描述水文现象的分布特点以及基本特性。而均值作为水文统计中的重要特征值，代表了水文序列的平均情况；均方差和变差系数反映的是水文序列的离散程度。然而，均值取不同值时，均方差相比变差系数合理性更高。水文序列是一种具有必然和偶然性的自然现象，而变差系数能够较好地体现出水文序列的多年变化情况。因此，将衡量径流变化的指标选为均值和变差系数。由于各流域径流情况复杂多变，本节对均值和变差系数进行无量纲化处理，得到均值变化系数和变差系数变化系数，公式如下：

$$\eta \bar{x} = \frac{\bar{x}_v - \bar{x}_0}{\bar{x}_0} \tag{5.1}$$

$$\eta \overline{C}_v = \frac{\overline{C}_{v_v} - \overline{C}_{v_0}}{\overline{C}_{v_0}} \tag{5.2}$$

式中，$\eta \bar{x}$、$\eta \overline{C}_v$ 分别为水文序列均值变化系数及变差系数变化系数；$\bar{x}_v$、$\bar{x}_0$ 分别为水文序列变异前均值及变异后均值；$\overline{C}_{v_v}$、$\overline{C}_{v_0}$ 分别为序列变异前变差系数及变异后变差系数。

5.2.2　变异等级划分

　　不同的变异诊断方法得到的变异点可能不相同，计算得到的变异点是否为真的变异点？出现多个变异点时哪个变异点的变异程度更大些？哪些变异点是计算方法本身的局限性而导致的检测结果？针对这些问题，本书提出了基于均值以及 C_v 值的变异等级划分方法。

　　首先将序列均值和 C_v 值进行无量纲化处理，排除不同方法本身的局限性，再分析序列本身基值；然后，将系数变化程度分成 7 个等级：0 级是无变异，1 级是突变，2 级是轻度变异，3 级是中度变异，4 级是较强变异，5 级是强度变异，6 级是重度变异。详细等级划分如表 5.2 所示。

表 5.2　基于均值变化系数、变差系数变化系数的变异等级分布（樊晶晶等，2016）

	$\eta \overline{C}_v < 20\%$	$20\% \leqslant \eta \overline{C}_v < 40\%$	$40\% \leqslant \eta \overline{C}_v < 80\%$	$\eta \overline{C}_v \geqslant 80\%$
$\eta \bar{x} < 20\%$	0	1	2	3
$20\% \leqslant \eta \bar{x} < 40\%$	1	2	3	4

	$\eta\overline{C}_v<20\%$	$20\%\leqslant\eta\overline{C}_v<40\%$	$40\%\leqslant\eta\overline{C}_v<80\%$	$\eta\overline{C}_v\geqslant80\%$
$40\%\leqslant\overline{\eta x}<80\%$	2	3	4	5
$\overline{\eta x}\geqslant80\%$	3	4	5	6

5.2.3　渭河流域径流变异结果对比分析

1. 流域干、支流一致性变化分析

双累积曲线法是检验水文气象要素一致性的主要方法，用点绘图的方式绘制同时期两个对比站的累积径流量关系曲线图，若二者呈现的是连续完整的直线关系，说明获得的两个测站的资料是在相同观测条件下，且资料的一致性较好；若二者的直线斜率发生变化，说明资料的一致性较差。目前，关于变异的研究有很多，但是考虑支流汇入对干流变异的变差系数影响的研究较少。由于渭河干流上无大型水利工程，水利工程均分布在支流上，因此研究支流变化对干流变化的影响有着重要意义，可以为渭河流域以及类似流域提供研究依据。

本书选取渭河 9 条支流和 5 个干流水文站的径流序列作为研究对象，将支流站和支流汇入干流后最近的水文站径流序列做一致性分析。具体分析为：林家村-魏家堡之间的支流清姜河、千河、石头河分别与魏家堡站径流序列进行一致性分析；魏家堡-咸阳之间的支流汤峪河、黑河、涝河分别与咸阳站径流序列进行一致性分析；咸阳-华县之间的支流泾河、灞河分别与华县站径流序列进行一致性分析；干流林家村与魏家堡，魏家堡与咸阳，咸阳与华县站径流序列进行一致性分析。各支流与汇流段干流站径流序列一致性检验结果如图 5.1 所示。从图中可以看出，越靠近下游，支流与干流、干流上游与干流下游的径流序列一致性越好。

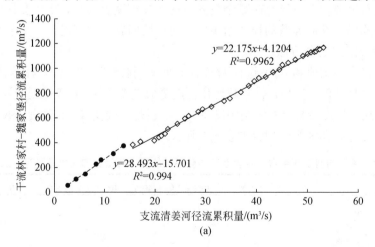

(a)

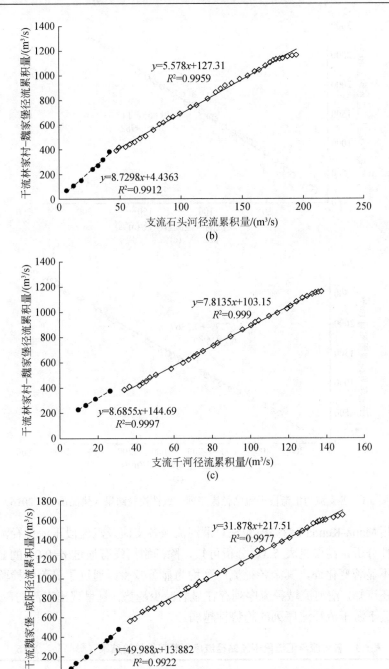

(b)

(c)

(d)

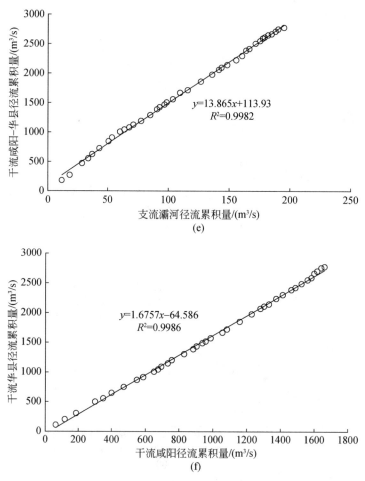

图 5.1　各支流与汇流段干流站径流序列一致性检验结果（樊晶晶等，2016）

采用 Mann-Kendall 趋势检验法对渭河流域各支流及汇流段干流站径流序列进行趋势性分析，结果见表 5.3。分析可知，除汤峪河没有通过 $\alpha=0.05$ 的显著性检验，为不显著变化外，其余各径流序列均为显著减少，通过了显著性检验。从检验结果还可知，渭河流域径流序列存在显著减少趋势，且呈现出支流弱，干流强，且越靠近下游干流径流序列的趋势性越弱。

表 5.3　各支流与汇流段干流站径流序列趋势性检验结果（樊晶晶，2016）

区域/站点	检验统计量 U	显著性水平 α	$U_{\alpha/2}$	趋势性
清姜河	-3.89	0.05	$|U|>U_{\alpha/2}$	显著减少
千河	-3.51	0.05	$|U|>U_{\alpha/2}$	显著减少

区域/站点	检验统计量 U	显著性水平 α	$U_{\alpha/2}$	趋势性
石头河	-2.31	0.05	$|U|>U_{\alpha/2}$	显著减少
汤峪河	-1.43	0.05	$|U|>U_{\alpha/2}$	不显著减少
黑河	-2.28	0.05	$|U|>U_{\alpha/2}$	显著减少
涝河	-2.05	0.05	$|U|>U_{\alpha/2}$	显著减少
泾河	-3.05	0.05	$|U|>U_{\alpha/2}$	显著减少
灞河	-2.77	0.05	$|U|>U_{\alpha/2}$	显著减少
林家村站	-5.01	0.05	$|U|>U_{\alpha/2}$	显著减少
魏家堡站	-3.54	0.05	$|U|>U_{\alpha/2}$	显著减少
咸阳站	-4.22	0.05	$|U|>U_{\alpha/2}$	显著减少
华县站	-3.47	0.05	$|U|>U_{\alpha/2}$	显著减少

2. 流域干、支流径流序列的变异诊断分析

渭河流域径流序列的变异诊断研究结果表明，渭河流域的径流序列变异点集中在 20 世纪 90 年代初。拜存有等（2009）采用初步诊断、详细诊断和综合分析判定渭河流域的变异点集中在 90 年代初；采用 Mann-Kendall 突变检验法对渭河流域的气温和径流序列做变异点分析诊断，得到大部分气温的变异点出现时间在 20 世纪 90 年代，径流序列变异点在 90 年代初出现。马晓超等（2011）用 Pettitt 检验法、有序聚类法、Mann-Whitney 检验法及秩和检验法诊断获得渭河流域的径流序列变异点出现时间集中在 20 世纪 90 年代初。

本章采用 Mann-Kendall 突变检验法对渭河流域干、支流径流序列进行变异诊断分析，结果如图 5.2 所示。由图 5.2 可知，除石头河在 1969 年出现变异之外，渭河流域径流序列变异均发生在 20 世纪 90 年代初。因此，渭河流域径流序列变异出现在 20 世纪 90 年代，表明渭河流域径流序列在 20 世纪 90 年代具有径流变异的条件。

3. 渭河径流序列变异等级分析

从表 5.4 中可以看出，干流林家村-魏家堡区间支流变异等级为 2 级，其所属干流为无变异；魏家堡-咸阳区间支流出现 3 级变异，但汇入干流后，咸阳站径流出现的变异等级为 3 级；咸阳-华县区间支流灞河出现 2 级变异，汇入干流后，华

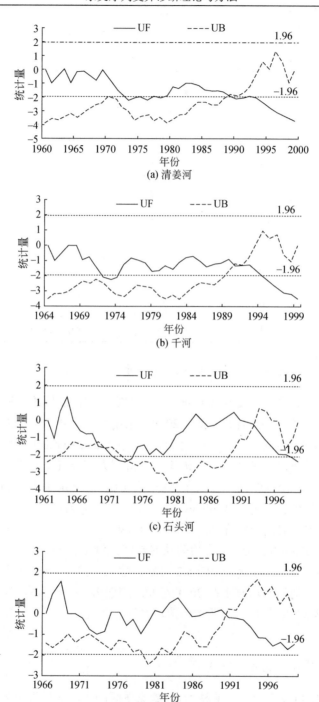

(a) 清姜河

(b) 千河

(c) 石头河

(d) 汤峪河

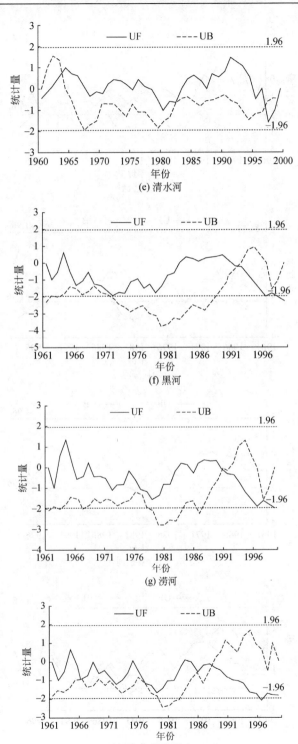

(e) 清水河

(f) 黑河

(g) 涝河

(h) 沣河

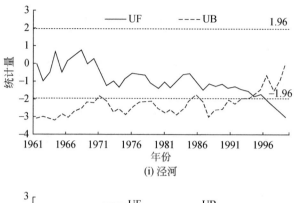

(i) 泾河

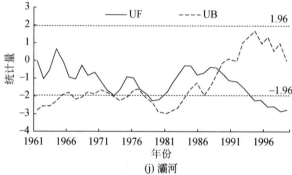

(j) 灞河

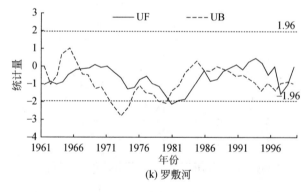

(k) 罗敷河

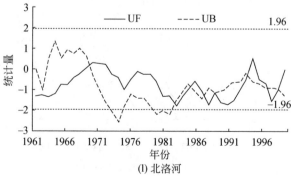

(l) 北洛河

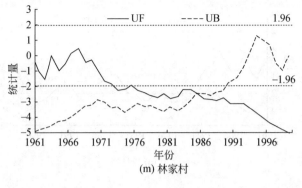

(m) 林家村

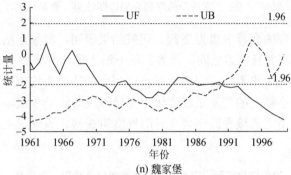

(n) 魏家堡

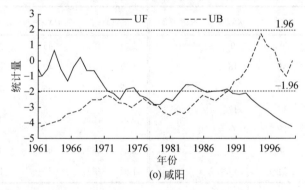

(o) 咸阳

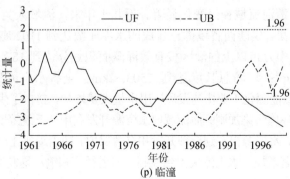

(p) 临潼

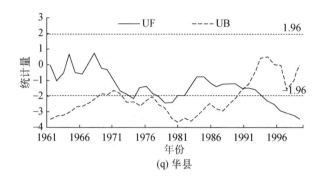

(q) 华县

图 5.2　渭河流域干、支流径流序列变异诊断结果（樊晶晶等，2016）

县站径流序列出现的变异等级为 2 级。研究结果表明，魏家堡站以上径流序列变异等级与强度最弱并且等级相同，而魏家堡下游干流变异等级与变异等级最强的支流相同。从整体上来看，渭河流域径流序列变异情况为均值变异，而其中只有支流黑河出现了小幅度的变差系数变化，变异等级均低于 3 级，为中度变异。从变异等级来看，渭河流域径流序列变异的程度为 3 级，表现出上游轻、下游重的特性。

表 5.4　均值变化系数、变差系数变化系数计算结果（樊晶晶，2016）

	位置	$\eta\bar{x}$ /%	$\eta\bar{C}_v$ /%	变异等级		位置	$\eta\bar{x}$ /%	$\eta\bar{C}_v$ /%	变异等级
干流	林家村	0	0	0	支流	黑河	45	27	3
支流	清姜河	48	16	2	支流	涝河	42	3	2
支流	千河	59	1	2	干流	咸阳	55	40	3
支流	石头河	13	12	0	支流	泾河	39	8	1
		29	6	1					
干流	魏家堡	0	0	0	支流	灞河	43	8	2
支流	汤峪河	21	17	1	干流	华县	50	11	2

　　研究表明，渭河流域径流变化显著。近几十年来，流域人类活动频繁，据陕西省水利普查结果，仅陕西省境内已建成的水库座数达到 1102 座，其总库容达到 94.35 亿 m³；其中万亩以上的灌区按有效灌溉面积划分达到 187 处，有效灌溉面积达到 8776.7km²；堤防总长度达到 7503.62km；全省水土流失治理面积达到 7917.95km²。流域能源化工业快速发展，用水量大量增加，挤占了生态环境用水，导致下游断流和水环境污染加剧。而流域内水资源开发利用缺乏统筹安排，争水、引水无序的现象频发，水资源得不到合理开发和有效保护。随着退耕还林等生态建设的实施，植被覆盖显著增加，水土流失得到控制，河道径流和输沙均发生了明显改变。

统计资料显示 20 世纪 70 年代以来，在流域内实施大规模水利建设，人类活动对水资源的影响逐渐增加，并呈显著上升趋势。渭河干流的含沙量也逐渐增高，高达 50kg/m³，且集中在汛期时下泄，导致渭河水资源利用不充分，同时也是洪涝灾害多发的主要原因之一。从中国气象数据网——中国地面国际交换站气候资料年值数据中的渭河流域多年气候资料来看，1987 年后渭河流域的降水量明显小于之前的降水量，年平均气温和最低气温的变化则呈现出显著上升趋势，平均增温速率高于全球近 50 年来的每十年增加 0.13℃，而相对湿度出现了显著下降趋势。综上所述，渭河流域的径流变异是气候变化和人类活动共同作用的结果。

5.3　水文要素变异综合诊断体系建立

目前，在很多变异诊断中常常对突变点和变异点不加区别，其中突变点诊断方法应用较多的是数理统计的方法和非线性理论的方法，突变点通过诊断和统计检验得到。但是，诊断所得的突变点是否为变异点？哪些变异点是由于方法自身的局限性而产生的结果？由不同的变异诊断方法所诊断的变异点可能是相同的也可能是不同的。因此，需要诊断得到的变异点是否都是真的变异点。以上问题可通过建立一个变异综合诊断体系来解决。

当诊断变异点时，使用不同的诊断方法会得出不同的诊断结果，可以借鉴医生诊断患者病因的思路，建立变异的点综合诊断体系和方法。例如，医生对心肌疾病的综合诊断思路为：①首先了解患病原因、发病机理；②其次分析患者临床表现；③然后采用不同检查方法，构建诊断指标体系，如心电图、血液生化检查、放射性核素心肌显像、磁共振心肌显像、超声心动图等，确定各个指标；④最后对各个指标进行综合分析，先排除其他疾病再做出综合诊断，最终确诊。

同理，将医学诊断患者的思想引入水文要素变异综合诊断中，构建水文要素变异综合诊断体系，如图 5.3 所示。

水文要素变异综合诊断方法分为以下四个步骤。

（1）变异背景分析：综合分析气候变化和人类活动背景，了解变异成因。

（2）变异点诊断：采用不同定性与定量诊断方法进行变异点诊断，明确可能的变异点。

（3）变异等级划分：采用基于无量纲化的均值系数、C_v 值构建变异点的等级划分。

（4）综合诊断：计算突变点前后径流序列的各个指标值，如均值、均方差、C_v、C_s，年际、年内变化，周期性、趋势性及持续性变化等，进行合理性的分析，通过多指标综合诊断确定变异点。

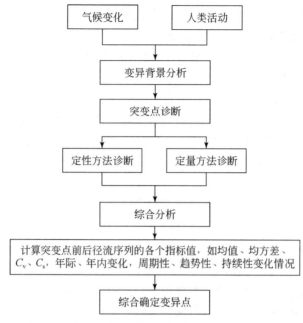

图 5.3　水文要素变异诊断体系（黄强等，2016）

5.4　实例分析——渭河流域华县站径流变异研究

黄河最大的支流——渭河，发源于甘肃省渭源县鸟鼠山，并流经甘肃、陕西和宁夏三省（自治区），在陕西省潼关县汇入黄河。以渭河流域华县水文站 1960～2010 年共 51 年的径流序列为研究对象，对水文要素变异综合诊断方法进行验证，并分析变异综合诊断的合理性。

1. 变异背景分析

随着全球气候变化，渭河流域气候变化明显，渭河流域降水量、潜在蒸发量和径流量变化如图 5.4 所示。由图 5.4 可知，降水、潜在蒸发和径流序列呈现出不同的下降趋势，降水量为每 10 年下降 20mm，潜在蒸发量为每 10 年下降 7.3mm，径流量为每 10 年下降 11.6mm。

20 世纪 70 年代以来，渭河流域建设了大规模水利设施，农业灌溉和工业用水增多，并实施了一系列水土保持措施。随着人类活动规模增大和增加，影响了土地利用和覆盖并直接或间接影响水文要素。

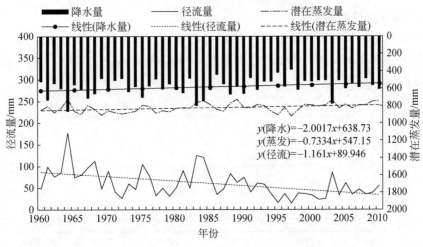

图 5.4　渭河流域降水量、潜在蒸发量和径流量变化（黄强等，2016）

因此，气候变化和人类活动对水文要素变异提供了前提条件。

2. 变异点诊断

采用滑动 F 检验法、滑动 t 检验法、有序聚类法、Mann-Kendall 突变检验法、V/S 分析法、克拉默法、山本法和 Pettitt 检验法进行定量判断，拟变异点为 1964 年、1980 年、1990 年、1994 年、2004 年。

1）滑动 t 检验法结果

用滑动 t 检验法检测华县站 1960～2010 年径流序列的变异，结果见图 5.5。这里 $n_1+n_2=n=51$。给定显著性水平 $\alpha=0.01$，按 t 分布自由度 $v=n_1+n_2-2=49$，$t_{0.01}=\pm 2.405$（临界值由插值方法确定）。

由图 5.5 可见，在 1964 年、1980 年、1998 年附近可能发生了突变。

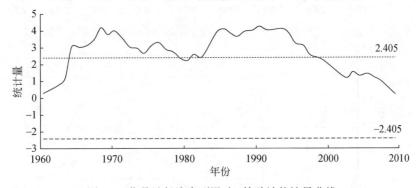

图 5.5　华县站径流序列滑动 t 检验法统计量曲线

2）克拉默法检验结果

用克拉默法检测华县站 1960～2010 年径流序列的变异，结果见图 5.6。$n = 51$，给定显著性水平 $\alpha = 0.01$，按 t 分布自由度 $\nu = n-2 = 49$，$t_{0.01} = \pm 2.405$（临界值由插值方法确定）。

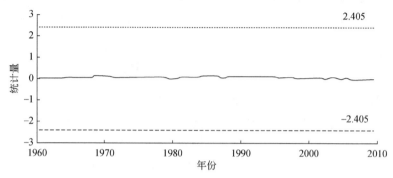

图 5.6 华县站径流序列克拉默法统计量曲线

由图 5.6 可见，克拉默法检验结果无变异。

3）山本法检验结果

用山本法检测华县站 1960～2010 年径流序列的变异，结果见图 5.7。分别选取两个子序列，长度 $n_1 = n_2 = 5$，$n_1 = n_2 = 10$，$n_1 = n_2 = 15$。

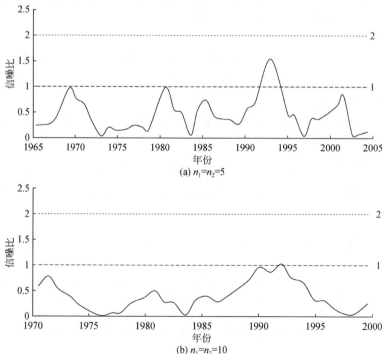

(a) $n_1 = n_2 = 5$

(b) $n_1 = n_2 = 10$

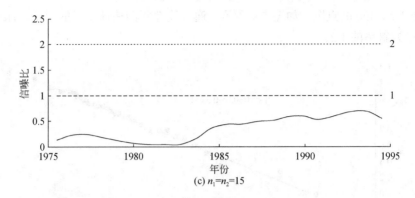

图 5.7　华县站径流序列山本法检验曲线

当两个子序列长度取 5 时，1993～1995 年附近发生了突变；当两个子序列长度取 10 时，1993 年附近发生突变；两个子序列长度取 15 时，没有突变发生。

4）Mann-Kendall 突变检验法结果

用 Mann-Kendall 突变检验法检测华县站 1960～2010 年径流序列的变异，结果见图 5.8。

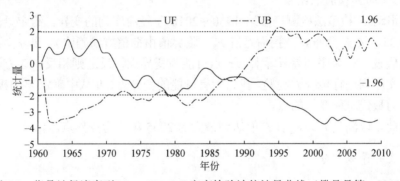

图 5.8　华县站径流序列 Mann-Kendall 突变检验法统计量曲线（樊晶晶等，2016）

由图 5.8 可见，在 1990 年附近 UF、UB 曲线有交点，该点可能发生突变。

5）Pettitt 检验法结果

用 Pettitt 检验法检测华县站 1960～2010 年径流序列的变异，得到分割点 1994 年，$p=0.000049<0.05$，检验成果显著。

6）有序聚类法检验结果

用有序聚类法检验检测华县站 1960～2010 年径流序列的变异，得到分割点 1990 年。用秩和检验法及游程检验法进一步检验，给定显著性水平 $\alpha=0.05$，$U_{\alpha/2}=1.645$，$|U_{秩}|=9.415$，$|U_{秩}|=2.469$，$|U|>U_{\alpha/2}$ 突变显著。

7）V/S 分析法检验结果

用 V/S 分析法检验检测华县站 1960～2010 年径流序列的变异，绘制 $(V/S)_n$ 与

n 的 $\lg(V/S)_n$-$\lg n$ 散点图，如图 5.9 所示，通过线性回归估计直线的斜率，Hurst 指数值 H 为斜率的 1/2。

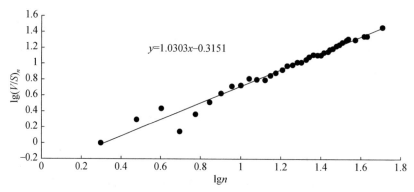

图 5.9　华县站 1960~2010 年径流变异散点图（樊晶晶等，2016）

由图 5.9 可知，斜率为 1.0303，Hurst 指数值 $H = 0.515$，$0.5 < H < 1$，因此序列表现为正持续性，即序列存在长记忆性。

8）滑动 F 检验法结果

用滑动 F 检验法检测华县站 1960~2010 年径流序列的变异。给定显著性水平 $\alpha = 0.05$，按 F 分布表查找临界值 F_a（临界值由插值方法确定）。若 $F > F_a$，则拒绝原假设，认为序列差异显著，τ 点可能为变异点，反之则相反。该方法是对原始水文序列进行传统 F 检验，找出所有可能的变异点，并从中确定 F 的极大值，将其作为最优可能变异的点。

因此，取满足 $F > F_a$ 且 F 值达到最大的 2005 年作为变异点。

3. 变异等级划分

采用基于无量纲化的均值变化系数、变差系数变化系数进行变异点的等级划分。以变异点为分界点，将序列划分为变异前和变异后两部分，表 5.5 为各变异点等级划分。其中，1964 年、1990 年、1994 年和 2004 年为变异点，变异点集中在 20 世纪 90 年代。

表 5.5　变异点等级划分（樊晶晶等，2016）

拟变异点	变化率/%	$\eta \overline{C_v}$ /%	等级	程度
1964 年	72.71	0.62	2	轻度变异
1980 年	36.52	−7.01	1	突变
1990 年	79.98	5.61	2	轻度变异
1994 年	81.71	−2.18	3	中度变异
2004 年	37.37	113.23	4	较强变异

4. 综合诊断

基于上述变异等级划分得到的变异点：1964 年、1990 年、1994 年和 2004 年，以此为分界点，对变异前后两阶段径流序列的年际、年内、周期、趋势性、持续性等基本规律变化情况进行分析，最终综合确定变异点。变异前后阶段径流量变化见图 5.10，洪峰值变化见表 5.6，周期变化见表 5.7，趋势性和持续性变化见表 5.8。由这些图表可以看出，各变异点变化明显。

最终诊断：1964 年、1990 年为轻度变异，1994 年为中度变异、2004 年为较强变异。

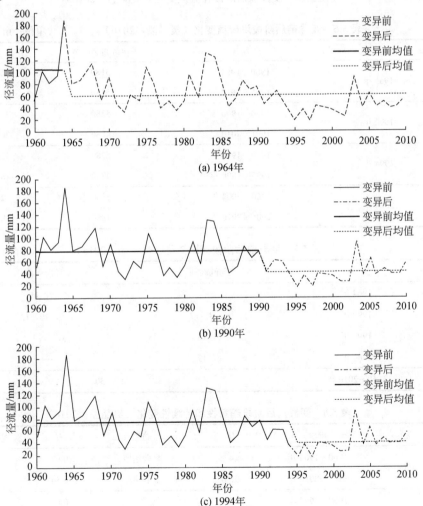

(a) 1964年

(b) 1990年

(c) 1994年

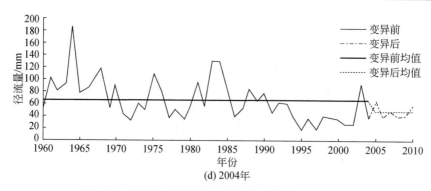

(d) 2004年

图 5.10 变异前后阶段径流量变化（樊晶晶，2016）

表 5.6 变异前后阶段洪峰值变化（樊晶晶，2016） （单位：m³/s）

变异点	阶段	洪峰量最大值	洪峰量均值
1964 年	1960～1964 年	5180	3628
	1965～2010 年	5380	2617
1990 年	1960～1990 年	5380	3362
	1991～2010 年	4880	2021
1994 年	1960～1994 年	5380	3283
	1995～1990 年	4880	1858
2004 年	1960～2004 年	5380	3283
	2005～2010 年	4880	1858

表 5.7 变异前后阶段周期变化（樊晶晶，2016）

变异点	变异前周期	变异后周期
1964 年	—	3，7，15
1990 年	6，8，17	3，5，10，12
1994 年	6，18	3，5，7
2004 年	6，17	—
1960～2010 年	6，17，30	

表 5.8 变异前后阶段趋势性和持续性变化（樊晶晶，2016）

变异点	阶段	U	趋势	H	持续性
1964 年	1960～1964 年	1.47	显著递增	0.67	正
	1965～2010 年	−2.50	显著递减	0.54	正
1990 年	1960～1990 年	0.02	不显著递增	0.82	正
	1991～2010 年	−1.60	不显著递减	0.80	正

续表

变异点	阶段	U	趋势	H	持续性
1994 年	1960~1994 年	0.58	不显著递增	0.79	正
	1995~1990 年	2.07	显著递增	0.80	正
2004 年	1960~2004 年	-2.80	显著递减	0.78	正
	2005~2010 年	0.45	不显著递增	0.59	正

　　本章主要介绍了水文序列变异等级划分及其变异点综合诊断的详细步骤，将渭河流域的华县站作为研究实例，对其径流量进行了综合变异诊断。

第6章 水文气象序列关系变异诊断研究

6.1 变化环境下降水集中度与降水结构的时空变化

6.1.1 研究方法

1. 改进的 Mann-Kendall 趋势检验法

本章采用改进的 Mann-Kendall（modified Mann-Kendall，MMK）趋势检验法，对渭河流域气象变量的变化趋势进行计算。最早被世界气象组织所推荐的 Mann-Kendall 趋势检验法是一个非参数的方法，水文序列的持续性干扰了 Mann-Kendall 趋势检验法的结果。因此，Hamed 等（1998）通过考虑 lag-i（滞后-时间）的自相关性来消除其时间序列的持续性，构建了改进的 Mann-Kendall 趋势检验法。Daufresne 等（2009）指出，MMK 趋势检验法在获取水文序列的趋势方面具有更好的可靠性和稳定性。因此，本章采用 MMK 趋势检验法来计算渭河流域气象变量的变化趋势。

对于一个有 n 个观测值的时间序列 $X=x_1, x_2, \cdots, x_n$，其 Mann-Kendall 趋势检验法的统计量 S 为

$$S = \sum_{i<j} \mathrm{sgn}(x_j - x_i) \tag{6.1}$$

式中，

$$\mathrm{sgn}(x_j - x_i) = \begin{cases} 1, x_j > x_i \\ 0, x_j = x_i \\ -1, x_j < x_i \end{cases} \tag{6.2}$$

S 的方差为

$$\mathrm{Var}(S) = \frac{n(n-1)(2n+5)}{18} \tag{6.3}$$

然后，标准的检验统计量 $Z = \dfrac{S}{\sqrt{\mathrm{Var}(S)}}$ 被用来检验该时间序列趋势的显著性。Hamed 等（1998）指出时间序列的显著自相关性干扰了 S 方差的计算，并建议在原始时间序列中添加一个非参数的趋势估算器，用此估算器估算新时间序列的自相关系数。lag-i 自相关系数 $\rho_s(i)$ 被用来估算改进后的 S 方差 $V^*(S)$：

$$V^*(S) = \text{Var}(S)\text{Cor} \tag{6.4}$$

式中，Cor 表示改进的时间序列自相关系数。

$$\text{Cor} = 1 + \frac{2}{n(n-1)(n-2)} \sum_{i=1}^{n-1} (n-1)(n-i-1)(n-i-2)\rho_S(i) \tag{6.5}$$

2. 基于日降水的集中度指数

降水集中度是研究降水量时空集中分布特征的一个重要指标。降水集中度在双累积曲线上的表现为负指数分布，意味着降水量越大，降水天数反而越少。运用该指标分析降水不均是一种常用的方法（Li et al.，2011；Olascoaga，1950）。降水集中度能够表征一定时段内的降水量较大值出现的天数百分比与降水量百分比的分布状况。用日降水量为 1mm 来判断是否有降水，其中大于 1mm，则认为有降水，反之则认为无降水。如果降水事件按降序进行排列，X_i 表示第 i 大的降水事件，Y_i 表示由最大降水事件到第 i 场降水事件的累积降水量相对总降水量的贡献率。值得一提的是，X 事件和它所对应的 Y 均以百分比的形式进行表达。X 和 Y 之间展现出显著的指数分布曲线的关系，可表示为

$$Y = aX \exp(bX) \tag{6.6}$$

式中，a 和 b 表示由最小二乘法求出的常数。

该曲线被称为 Lorenz 曲线，最初应用于金融领域（Lorenz，1905）。在理想情况下，X 和 Y 能表示为 $Y=X$。事实上降水呈现非正态分布，且 Lorenz 曲线通常在 $Y=X$ 这一直线之下。由 Lorenz 曲线和象限平分线所围成的面积表示为 A。基于日降水的集中度指数（CI）的计算公式为

$$\text{CI} = A/5000 \tag{6.7}$$

式中，所围成的面积 A 的计算公式为

$$A = 5000 - \int_0^{100} ax \exp(bx)\mathrm{d}x \tag{6.8}$$

CI 值越大表示某一特定气象站的日降水量越集中。因此，CI 可用于计算日降水分布的异常度。

3. 基于月降水的集中度指数

除了分析日降水分布的变化特征，通过采用改进的月降水集中度指数（PCI）研究降水的季节不均匀性也十分必要（Oliver，1980；de Luis et al.，2007）。PCI 计算公式如下：

$$\text{PCI} = 100 \frac{\sum_{i=1}^{12} p_i^2}{\left(\sum_{i=1}^{12} p_i\right)^2} \tag{6.9}$$

式中，p_i 表示第 i 个月的降水量。

据 Oliver（1980）的研究，某一年的 PCI 值小于 10 表示该年的月降水分布较均匀；当 PCI 值处于 11～20 表示该年的降水存在一定的季节性；当 PCI 值大于 20 意味着该年的降水存在明显的季节性。

6.1.2 降水集中度与降水结构的时空变化特征分析

1. 不同降水历时的降水场次及降水量贡献率

渭河流域不同降水历时的降水场次和降水量贡献率如图 6.1 所示。由图中可以发现：

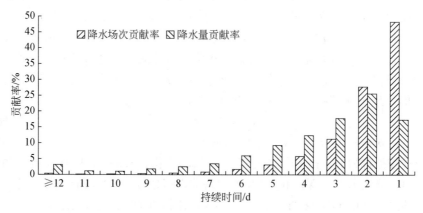

图 6.1　渭河流域不同降水历时的降水场次及降水量贡献率

（1）不同历时的降水场次随着降水历时的减少呈现指数增长关系。最高的降水场次出现在历时为 1d 的降水事件上，占所有降水事件的 48.3%，而降水历时大于 12d 的降水场次贡献率仅为 3.1%。

（2）1～2d 降水历时的降水量约为总降水量的 43%。总的来说，由于降水历时为 1～3d 的降水事件的降水场次贡献率约为 60.7%，短历时的降水事件（1～3d）是渭河流域的主要降水事件。

2. 不同降水历时的降水场次及降水量贡献率的演变特征

整个渭河流域不同降水历时的标准化降水量及降水场次贡献率的时间变化如图 6.2 所示。

（1）不同降水历时的降水量贡献率的模式差异非常明显 [图 6.2（a）]。总的来说，在整个研究阶段中，降水历时为 1～4d 的高降水量贡献率贯穿其中，而降水历时超过 7d 的降水量贡献率在整个研究阶段较低。其中，在整个研究阶段中，1～3d 的降水事件的降水量贡献率最高。由此可见，从降水量贡献率的角度看，

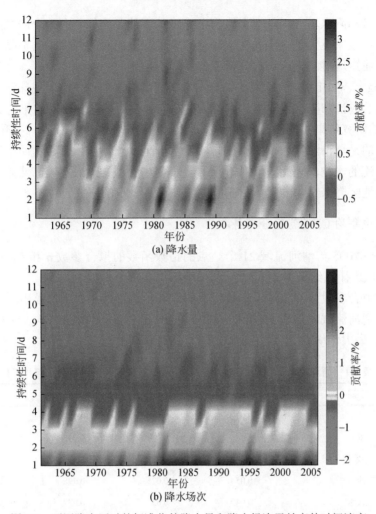

图 6.2　不同降水历时的标准化的降水量和降水场次贡献率的时间演变

短历时（1～3d）的降水事件是渭河流域的主流降水事件。然而，长历时的降水事件（≥7d）的降水量贡献率低，这是因为渭河流域地处内陆且远离海洋，所以该流域的水汽比较少且降水以短历时的降水为主（Huang et al., 2015；Ma et al., 2012）。需要指出的是，在整个研究阶段中，降水量贡献率有一定的变化。总的来说，降水历时为 4d 以上的降水事件的降水量贡献率有下降的趋势，而 1～3d 降水事件的降水量贡献率有上升趋势，这意味着整个流域的降水有集中的趋势。

（2）不同降水历时的降水场次贡献率的演变特征与降水量贡献率类似[图 6.2(b)]。总的来说，在整个研究阶段中，1～4d 降水事件的降水场次贡献率高，而 7d 以上降水事件的降水场次贡献率低。同样，最高降水场次贡献率属于降水历时为 1～3d 的降水事件，而 7d 以上的降水事件的贡献率最低。综上所述，1～3d 的降水事件在降水量和降水场次贡献率上均为主导降水事件。此外，在整个研究阶段中，降水场次贡献率发生了一定的变化。总的来说，长历时的降水场次贡献率有下降的趋势，而短历时的降水场次贡献率有上升的趋势。

Zhang 等（2012a）的研究结果与本章研究结果类似，他们发现珠江流域的短历时降水的场次和降水量贡献率有增大的趋势。然而，这些研究结果与 Zolina 等（2010）的研究结果相反，他们发现欧洲长历时的降水场次贡献率有上升的趋势。需要指出的是，渭河流域位于季风带，而欧洲主要位于西风带，这两个区域受不同大气环流的影响，因此它们对于全球气候变化的水文响应不同。然而，大气环流对两个地区降水结构的具体影响还需要未来进一步的研究。

3. 流域年均 CI 的空间分布特征

1960～2005 年渭河流域 21 个站点的指数函数的拟合参数 a 和 b、决定系数 R^2 及年均 CI 计算结果如表 6.1 所示，由表可知：

（1）拟合参数 a 和 b 均为指数函数的常数，通过最小二乘法求出。

（2）渭河流域的年均 CI 介于 0.396 和 0.688 之间，接近一半站点的年均 CI 大于 0.5。最大年均 CI 出现在延安站，意味着延安的降水最集中。

表 6.1　渭河流域 21 个站点的指数函数的拟合参数、决定系数及年均 CI

气象站	a	b	R^2	CI
临洮	0.073	0.036	0.997	0.628
岷县	0.065	0.031	0.995	0.508
华家岭	0.062	0.028	0.996	0.566
西吉	0.054	0.025	0.998	0.544
天水	0.049	0.033	0.997	0.478
固原	0.071	0.031	0.995	0.584
平凉	0.055	0.027	0.998	0.478
宝鸡	0.049	0.041	0.997	0.414
华县	0.072	0.024	0.998	0.651
西风镇	0.081	0.019	0.995	0.412
长武	0.077	0.028	0.996	0.426
佛坪	0.059	0.032	0.995	0.48
吴起	0.068	0.033	0.998	0.676
武功	0.075	0.027	0.994	0.500
西安	0.065	0.025	0.998	0.486
铜川	0.059	0.031	0.994	0.543

续表

气象站	a	b	R^2	CI
镇安	0.072	0.029	0.997	0.480
延安	0.068	0.034	0.996	0.688
洛川	0.073	0.025	0.997	0.622
商州	0.081	0.023	0.994	0.396
华山	0.079	0.022	0.995	0.508

渭河流域属于黄土高原区，水土流失严重，生态环境极其脆弱。据 Chen 等（2011）的研究，黄土高原地区土壤非常稀松且暴雨集中，非常容易引发水土流失，给当地的生态环境安全造成了巨大的威胁。因此，相关部门应该高度重视当地的降水变化情况，并且提前做好应对措施。

整个渭河流域的年均 CI 采用 ArcGIS 软件的平滑曲线插值技术进行插值，其年均 CI 的空间分布如图 6.3 所示。总的来说，较大的年均 CI 主要集中在流域的东北部，尤其在吴起站和延安站附近。在这些区域，超过 70% 的降水量集中在 25% 左右的降水天数内，降水异常度较高。此外，位于渭河中游的商州站附近的年均 CI 为0.42，意味着该区域的降水分布比渭河流域的其他区域更为均匀。如图 6.3 所示，渭河流域的海拔总体上从西到东、从北到南递减。高山可以阻挡大气环流，一般而言，山的迎风坡多雨，背风坡少雨。因此，地形可能在影响渭河流域降水量和降水分布中扮演了重要的角色。具体的影响需要进一步研究。此外，来自西太平洋的东南季风对该流域的降水有重要的影响，从南到北不断减弱。

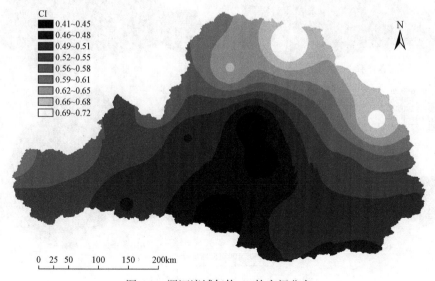

图 6.3　渭河流域年均 CI 的空间分布

总体而言，流域南部由于受较强的东南季风的影响，其降水相对均匀；流域北部由于受较弱的东南季风的影响，其降水相对集中。因此，不同海拔及东南季风的共同影响可能是渭河流域不同地区年均 CI 出现差异性的主要原因。事实上，除了海拔及东南季风的影响，其他因素如不同的植被覆盖（Collow et al.，2014），不同区域的大气压强（He et al.，2014）以及热量分布（Wang et al.，2014b）均对降水有一定的影响，进而影响流域年均 CI 的分布。本章的主要目标是揭示渭河流域降水集中度和降水结构的时空变化特征，将在今后的研究中进一步分析 CI 出现差异性的原因。

4. 渭河流域四季 CI 的空间分布特征

渭河流域具有明显的干湿季节特征。整个渭河流域季节尺度下 CI 的空间模式如图 6.4 所示，由图可知：

（1）春季，除了流域西南部有较高的 CI 外，流域其他地区降水相对均匀 [图 6.4（a）]。

（2）夏季，该流域 CI 较高，尤其是流域西部和北部 [图 6.4（b）]。

（3）秋季，流域西部和北部有较高的 CI [图 6.4（c）]。

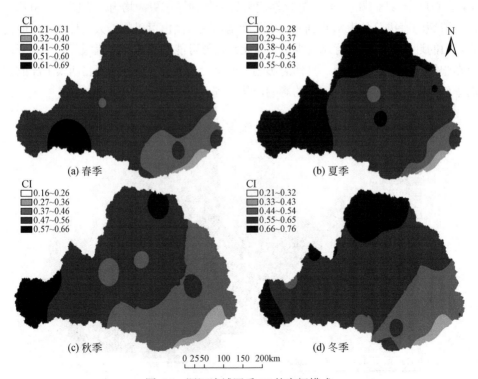

图 6.4　渭河流域四季 CI 的空间模式

（4）冬季，渭河流域的 CI 较高，高值也主要集中在流域的西部和北部 [图 6.4（d）]。

总的来说，在季节尺度上，流域西部和北部的降水集中度高于渭河流域其他区域。

5. 渭河流域年均 PCI 的空间分布特征

根据前面的具体步骤，计算出各站点的年均 PCI，通过 ArcGIS 的空间插值技术，得到渭河流域年均 PCI 的空间分布如图 6.5 所示。

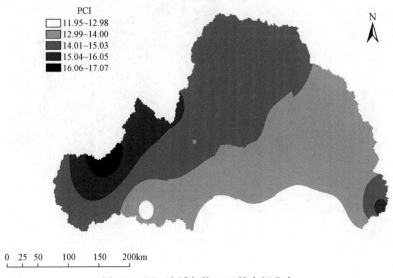

图 6.5　渭河流域年均 PCI 的空间分布

该流域各站点的年均 PCI 介于 11.95 和 17.07 之间，表明该流域的降水存在一定的季节性。整个渭河流域的年均 PCI（约为 13.8）小于卡拉布里亚地区（约为 16.9）（Coscarelli et al.，2012）。

总体而言，整个流域的年均 PCI 分布不均匀。其中，流域西北部降水的季节性比较明显。

6. 渭河流域 CI 和 PCI 的时间变化趋势

采用改进的 Mann-Kendall 趋势检验法求算渭河流域 CI 和 PCI 的时间变化趋势，结果如图 6.6 所示。由图 6.6（a）可知：

（1）总的来说，渭河流域的 CI 呈现出非显著的变化趋势。

（2）超过 50%的站点的 CI 有轻微的上升趋势，而剩下的有轻微的下降趋势。

（3）除华山站的上升趋势通过了 95%的置信度检验与固原站的下降趋势通

过了 99%的置信度检验外，大多数站点 CI 的变化趋势并没有通过 95%的置信度检验。

（4）CI 具有上升趋势的站点数多于具有下降趋势的站点数，而有下降趋势的 CI 主要集中在流域西部与北部，这些区域的 CI 相对其他区域较高。

综上可知，该流域 CI 较高的区域降水集中度有轻微的下降趋势，而流域 CI 较低的区域降水集中度有轻微的上升趋势。

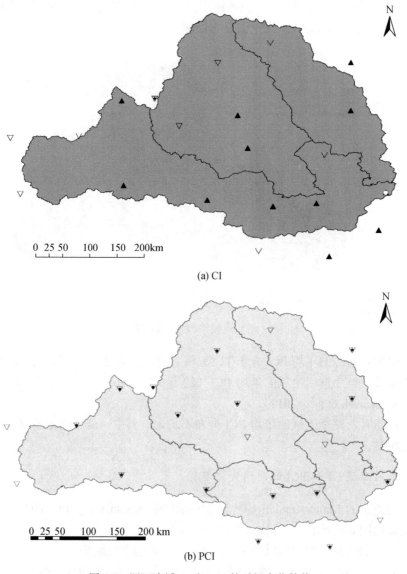

(a) CI

(b) PCI

图 6.6　渭河流域 CI 和 PCI 的时间变化趋势

▲表示上升趋势；▽表示下降趋势；▼表示通过了 95%的置信度检验；▼表示通过了 99%的置信度检验

由图 6.6（b）可以发现，渭河流域每一个站点的 PCI 均有下降的趋势。其中，4 个站点有显著的下降趋势并通过了 95% 的置信度检验，11 个站点的下降趋势通过了 99% 的置信度检验，意味着渭河流域降水的季节性有变弱的趋势。通过对比图 6.6（a）和（b）可以发现，渭河流域的降水集中度在不同的时间尺度下呈现出不同的变化特征。在日尺度上，渭河流域的降水集中度同时存在上升和下降的趋势。然而，在月尺度上，只存在下降的趋势。

6.2　基于阿基米德 Copula 函数的泾河流域降水-径流关系变异诊断

6.2.1　研究方法

阿基米德 Copula 函数，样本容量为 n，相应的观测数据为：(x_1, y_1)，(x_2, y_2)，$\cdots$，(x_n, y_n)，其边缘分布函数分别为 $F(x)$ 与 $G(y)$，相应的密度函数为 $f(x)$ 与 $g(y)$。记 (X, Y) 的联合分布表达如下：

$$H(x, y) = C\big[F(x), G(y)\big] \tag{6.10}$$

那么其密度函数为 $h(x, y) = f(x)g(y)C_{12}[F(x), G(y)]$，式（6.10）中 C 是阿基米德 Copula 函数：

$$C_{12}(u, v) = \frac{\partial}{\partial u} \frac{\partial}{\partial v} C(u, v) \tag{6.11}$$

阿基米德 Copula 函数之中参数的极大似然估计为

$$\lambda = \arg\max_{\lambda \in R} \sum_{i=1}^{n} \ln C_{12}\big[\lambda; F(x_i), G(y_i)\big] \tag{6.12}$$

假设观测数据有一个变异点，那么命题中的原假设 H_0 和对立假设 H_1 可表示为

$$H_0: \lambda_{11} = \lambda_{22} = \cdots = \lambda_n, H_1: \lambda_{11} = \cdots = \lambda_{k^*} \neq \lambda_{k^*+11} = \cdots = \lambda_n \tag{6.13}$$

若拒绝原假设，那么 k^* 为变异点的时刻。当 $k^* = k$，可建立基于极大似然估计方法的 Copula 函数的对数似然比统计量为

$$-2\ln k = 2 \left\{ \begin{aligned} &\sum_{i=1}^{n} \ln C_{12}\big[\lambda_k; F(x_i), G(y_i)\big] \\ &+ \sum_{i=k+1}^{n} \ln C_{12}\big[\lambda_{k^*}; F(x_i), G(y_i)\big] - \sum_{i=1}^{n} \ln C_{12}\big[\lambda_n; F(x_i), G(y_i)\big] \end{aligned} \right. \tag{6.14}$$

式中，λ_k、λ_{k^*}、λ_n 分别是相应数据参数的极大似然估计。

由似然比检验方法可知，统计量 Z_n 渐近分布是自由度约束个数的 χ^2 分布，意味着检验一个变异点时，$Z_n \sim \chi^2(1)$。若 k^* 未知，统计量 $Z_n = \max\limits_{1 \leqslant k \leqslant n}(-2\ln k)$ 在 95% 置信水平下，大于 $\chi^2(1)$，拒绝原假设，意味着有变异点，统计量 Z_n 的临界值见文献（Dias，2004）。

序列存在多个变异点时利用二分分段法（Vostrikoval，1981）进行检测，检测的步骤为：第一步，检测所有数据序列的单个变异点，如果没有变异点存在那么接受原假设；如果存在一个变异点，那么该变异点能够将整个数据序列分为两个子序列。第二步，针对每个子序列，按第一步检测单个变异点的方法，不断重复此过程，直到在每一个子序列中均检测不到变异点为止（郭爱军等，2015）。

6.2.2　泾河流域实例分析

1. 概况

泾河为黄土高原水土流失最为严重的区域之一，也是渭河最大的支流，流经了我国北方干旱、半干旱地区，同时是陕西关中地区的重要水源。泾河流域处于大陆性气候区，气温南高北低，多年平均气温为 8℃，最冷月平均气温为-8～10℃，最热月平均温度为 22～24℃，过去 50 年中，流域内年均气温整体为上升趋势，北部的增温率比南部大。降水为泾河径流的主要补给水源，流域的年均降水量为572mm，主要在夏季，6～9 月份降水量占全年的 70%以上，同时降水的年际变化差异显著。近几十年来，流域内的人口数量快速增长，修建了大量的水利水保工程，下垫面变化十分剧烈，一系列的人类活动导致自然水循环发生明显的变化，如枯水期大幅度增加，水文极端事件频繁发生，降水-径流关系变化显著。

本章以泾河下游干流控制站张家山水文站 1960～2010 年的径流资料为代表研究泾河流域径流的变化过程。张家山水文站在泾惠渠渠首下游约 4000m 处，在陕西省泾阳县王桥镇赵家沟（105°36′ E，34°38′ N），集水面积为 43216km^2，占流域总面积的 95.15%，距离河口 58km，多年平均径流量为 13.04 亿 m^3（1960～2010年），在集水面积内泾惠渠灌区是一个从泾河自流引水的大 II 型灌区，其多年平均引水量为 4.39 亿 m^3。

本章选取流域内和周边 10 个气象站的降水资料（中国气象数据网）。为了保证资料序列具有同步性，降水要素选取 1960～2010 年序列，流域的面降水量利用基于 ArcGIS 平台的泰森多边形法计算。

2. 降水、径流边际分布的确定

Copula 函数的方法不会受到变量边际分布型的限制，因此可以优选边缘分布模型，本章中的降水、径流边际分布选用 Gumbel 分布、对数正态分布以及皮尔逊 III 型分布来比较，从中选取数据序列拟合效果最好的那个分布。利用最大似然法对不同边际分布模型进行参数估计，相应的流域降水、径流模型参数的估计见表 6.2。

表 6.2　泾河流域降水、径流模型参数的估计（郭爱军等，2015）

水文气象序列	Gumbel 分布		对数正态分布		皮尔逊 III 型分布		
	C	α	E_y	δ_y	xav/mm	C_v	C_s/C_v
径流	39.63	-27.59	3.6	0.75	37.34	0.46	1.48
降水	36.36	-25.94	3.1	1.57	513.62	0.21	0.91

注：$C=\mathrm{sqrt}(6)\times\pi\times\sigma$，其中 σ 是标准差；$\alpha=rC$-xav，xav 是均值；E_y 为数学期望；δ_y 是均方差，$y=\ln x$；C_v 为变差系数；C_s 为偏差系数。

其中，边际分布拟合优度的检验通过均方根误差 RMSE 与 AIC 信息最小准则（莫淑红等，2009），其经验频率的计算公式如下：

$$H(x) = P(X \leqslant x_m) = \frac{m - 0.44}{N + 0.12} \tag{6.15}$$

式中，P 是 $X \leqslant x_m$ 的经验概率；m 是 x_m 的序号；N 是样本容量。

从表 6.3 所得检验结果可以看出，径流、降水的边际分布类型分别为对数正态分布、Gumbel 分布时，其 RMSE 和 AIC 最小，所有泾河流域径流、降水边缘分布分别利用对数正态分布、Gumbel 分布。

表 6.3　降水、径流的边际分布模型拟合优度检验结果（郭爱军等，2015）

水文气象序列	评价指标	Gumbel 分布	对数正态分布	皮尔逊 III 型分布
径流	RMSE	0.035	0.030	0.033
	AIC	-142.97	-151.21	-144.82
降水	RMSE	0.021	0.026	0.032
	AIC	-164.33	-157.20	-146.70

3. 联合分布模型的建立

降水、径流间存在着一定的相关性，因此可采用 Copula 函数分析；水文气象要素间常存在非线性关系，因此通过 Kendall 相关系数 τ 来度量变量间的相关性。本章根据 Genest 等（2009）提出的方法，用 Copula 函数参数 θ 与 Kendall 相关系数 τ 间的关系来评估两变量单参数阿基米德 Copula 函数的参数。由于不同的 Copula 函数对于相关性存在着适用范围，因此本章选取 Clayton Copula 和 Gumbel-Hougaard Copula 函数来构造联合分布函数，从而优选拟合效果较好的 Copula 函数（郭爱军等，2015；张翔等，2011）。

利用 Gringorton 经验频率公式可计算经验累积频率，并点绘 Clayton Copula 和 Gumbel-Hougaard Copula 函数下的经验累积频率和理论累积频率分布图，结果见图 6.7。可以看出，两种 Copula 函数联合分布的拟合精度都较高，因此进一步进行拟合优度的检验，相应的计算结果见表 6.4。

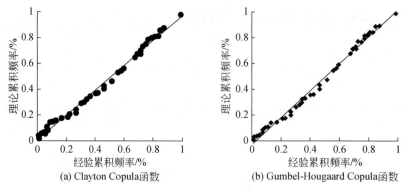

图 6.7　经验累积频率与理论累积频率的一致性比较（郭爱军等，2015）

由均方根误差 RMSE 与 AIC 信息最小准则，通过对比分析可知，Gumbel-Hougaard Copula 函数与 Clayton Copula 函数相比拟合精度更高，因此选取 Gumbel-Hougaard Copula 函数为本章的连接函数。

表 6.4　Copula 函数参数估计结果及拟合优度检验（郭爱军等，2015）

Copula 函数	$C(u_1, u_2)$	τ	θ	RMSE	AIC
Clayton	$(u_1^{-\theta}+u_2^{-\theta})^{-1/\theta}$	$\tau=\theta/(2+\theta)$	2.63	0.04	−142.6
Gumbel-Hougaard	$\{-[(-\ln u_1)\theta+(-\ln u_2)\theta]^{1/\theta}\}$	$\tau=1-1/\theta$	2.31	0.03	−159.8

4. 降水-径流关系的变异点检测

根据郭爱军等（2015）的研究，利用基于阿基米德 Copula 函数的两变量关系的变异点检验方法来分析降水与径流间的 Copula 函数结构，可判断降水-径流关系是否发生变异。本章选定置信水平为 95%，如果计算得到的 Z_n 最大值比 9 大，那么认为降水-径流关系中存在变异点，反之则不存在变异点。同时，利用二分分段法检测序列是否存在不止一个变异点，计算结果见图 6.8。由图 6.8 可得，1996 年 2 月的 Z_n 值最大（Z_n=23.13），利用二分分段法检测 1960～1996 年与 1997～2010 年两个时段间的降水-径流关系是否存在其他的变异点，结果如图 6.9 所示。由图可知，1960～

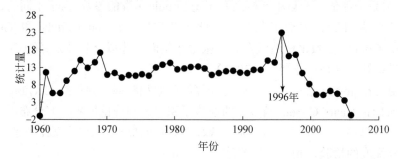

图 6.8　1960～2010 年泾河流域基于 Copula 函数的降水-径流关系变点一次检测

1996 年与 1997～2010 年的统计量 Z_n 都没有通过显著性检验，说明降水-径流关系并没有发生变异，不存在变异点。综合以上结果可知，1960～2010 年泾河流域降水-径流关系中仅存在一个显著变异点，是 1996 年（Z_n=23.13）。

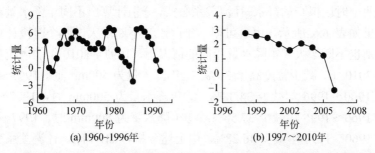

(a) 1960~1996年　　　　　　　　　　(b) 1997～2010年

图 6.9　泾河流域基于 Copula 函数的降水-径流关系变点二次检测（郭爱军等，2015）

　　根据郭爱军等（2015）的研究，降水-径流关系变异点检验中，采用双累积曲线法是最广泛，同时也是最简单、最直观的，一般绘制得到的双累积曲线能够比较直观地分辨出来变异点发生的位置，而肉眼观察具有很大主观性，结果受人为干扰较大（朱红艳等，2012；张淑兰等，2011）。朱红艳等（2012）利用双累积曲线法对泾河流域张家山站以上的降水-径流关系进行了变异性分析，诊断得到的结果差异比较大，分别是 1998 年、1982 年。本章基于阿基米德 Copula 函数对泾河流域张家山站以上降水-径流关系变异的诊断结果和张淑兰等（2011）的研究结果类似，6.2.3 小节将从不同的角度对该诊断结果进行分析。

6.2.3　降水-径流关系变异原因探讨

　　根据研究诊断得到的降水-径流关系发生变异的年份 1996 年为分割点，将降水量、径流序列分割成为两段，一段为 1960～1996 年，另一段为 1997～2010 年，假定 1960～1996 年（即降水-径流关系变异前的时段）是降水-径流关系的自然状态，点绘出不同时段降水-径流的相关关系图，结果见图 6.10。利用指数方程拟合

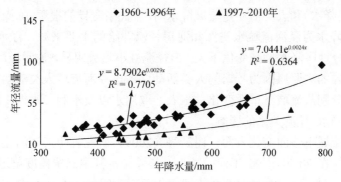

图 6.10　泾河流域降水-径流相关关系图（郭爱军等，2015）

不同时段降水-径流的关系，结果可知 1960～1996 年和 1997～2010 年的降水-径流关系指数方程决定系数 R^2 分别是 0.7705 和 0.6364，1997～2010 年降水-径流散点在 1960～1996 年以下，相同降水情况下产流量减小了。

通过两个时段拟合的降水-径流关系公式，分别计算出不同年降水量对应的产流量，结果如表 6.5 所示。由表可得，年降水量不断增大，两个时段计算得到的产流量差别也不断增大。年降水量相同的情况下，1997～2010 年的产流量明显小于 1960～2010 年，减少幅度高于 30%。①年降水量为 400mm 时，1997～2010 年产流量比 1960～1996 年减少 34.38%；②年降水量为 500mm 时，1997～2010 年产流量比 1960～1996 年减少 37.58%；③年降水量为 800mm 时，1997～2010 年产流量比 1960～1996 年减少 46.28%。由上述分析可知，降水-径流关系变异前后不同时段的流域产流量发生了明显的变化。

表 6.5　不同时段降水-径流关系下的径流变化计算结果（郭爱军等，2015）

年降水量/mm	产流量/mm		径流量变化率/%
	1960～1996 年	1997～2010 年	
400	28.04	18.40	−34.38
450	32.42	20.74	−36.03
500	37.47	23.39	−37.58
600	50.08	29.73	−40.63
650	57.90	33.52	−42.11
700	66.93	37.80	−43.52
750	77.37	42.61	−44.93
800	89.45	48.05	−46.28

流域径流的形成和变化不仅与降水量的变化有关，而且与人类活动间接造成的下垫面条件变化以及人类活动直接影响的供用耗排作用关系紧密，意味着自然因素（主要是降水）和人类活动是流域降水-径流关系变异的根源。陈操操等（2007）研究表明，降水为泾河流域水资源和河川径流补给的主要来源，泾河流域近 40 年来的大部分地区降水增减变化不大，但径流减小趋势明显，说明泾河流域降水-径流关系变异的主要原因为频繁的人类活动。考虑泾河流域人类活动的主要表现形式，本书分别从流域下垫面变化、工农业取用水以及水利、水保工程三方面分析其对流域降水-径流关系的影响。

（1）在流域下垫面变化方面，谢芳等（2009）研究表明，泾河流域林地和高覆盖度草地等在 20 世纪 90 年代的减小趋势停止，其中高覆盖度草地在 20 世纪 90 年代左右下降了 5.61%，而整个流域下垫面变化明显。从 1998 年开始，政府实施大规模的退耕还林还草与天然林资源保护工程，使得流域的植被逐渐恢复，其中又以高覆盖度草地增加最为明显。

（2）工农业取用水的变化是致使流域水资源发生变化的直接原因，自 1980 年以来泾河流域用水量持续增长，20 世纪 80 年代、90 年代以及 21 世纪 00 年代用水量年均增长率分别是 0.09%、0.77%、3.37%。20 世纪以来为用水高峰期，19 世纪到 20 世纪用水量增加幅度显著，人类取用水对径流量减少的贡献率达到了最大，取用水的不断增加使得流域径流量显著减小，单位降水下产流量明显减少，降水-径流关系变化强烈。

（3）水利、水保工程的频繁修建改变了原有的水文过程，其调节作用改变了径流年际和年内变化，流域降水-径流关系也随之发生变化。冉大川等（2005）研究表明，20 世纪 70 年代、80 年代和 90 年代泾河流域梯田面积分别是 7.29 万 hm^2、13.92 万 hm^2、52.85 万 hm^2，1980～1989 年和 1990～1996 年梯田年均减洪量分别是 0.13 亿 m^3、0.18 亿 m^3。自 20 世纪 70 年代开始，泾河流域开始大量修建水利工程，到 2005 年底，流域已建成水库 40 座，总库容 1.67 亿 m^3，集雨工程有 5211 座，年利用量 24.75 万 m^3，引水工程有 139 座，现状供水能力 2.75 亿 m^3，机电井约有 1.14 万眼。水利水保措施的大量实施造成流域径流量大幅度的减小，降水-径流关系也发生了较大变化。

基于流域降水-径流相关关系和人类活动变化可得出，在 19 世纪 90 年代到 21 世纪 00 年代泾河流域降水-径流关系发生了明显变化，与张淑兰等（2011）的研究结果结合，可知基于阿基米德 Copula 函数方法对于检验降水-径流关系变异的准确性。

6.3　基于贝叶斯 Copula 函数的降水-气温关系变异诊断

6.3.1　研究方法

1. K 聚类分析

采用 K 聚类分析法，基于 21 个站点的高程、经度、纬度、年均气温和降水数据，对整个渭河流域进行分区研究。值得一提的是，K 聚类分析中每个站点只能归为一类。具体的分类个数由 Dunn 指数决定，从 2～20 逐渐迭代（Dunn，1974）。当对某一分类的类内和类外距离组合达到最优时，Dunn 指数得到最大值。首先，计算出各个站点的有向信息传输指数（DITI）值距各个分类的距离。然后，根据它们的最近距离赋予其具体的分类（Rozumalski et al.，2009）。K 聚类分析的具体计算过程参考 Adam 等（2009）的研究。

2. 边际分布

由于年降水和年气温是连续的,本章采用常用于拟合水文气象序列的伽马分布、指数分布、对数正态分布、广义极值分布来拟合降水-气温的边际分布(Shiau,2006;Mathier et al.,1992),采用最大似然法对这些分布的参数进行估算。此外,采用 Kolmogorov-Smirnov(K-S)法计算各个分布的拟合度,从而为水文气象要素选择最适合的分布(Huard et al.,2006)。

3. Copula 函数

阿基米德家族的 Copula 函数容易构造,因此采用其家族的 Clayton、Frank 和 Gumbel Copula 函数,构造水文气象要素的联合概率分布。确定 Copula 函数很关键的一个步骤是,从两变量的观测值中获得其生成函数。获取生成函数及 Copula 函数的具体步骤可以参考 Genest 等(2009)的研究成果。

本章采用基于贝叶斯的 Copula 函数选择法来选择合适的 Copula 函数。该方法并不依赖于参数估算,能够根据不同 Copula 函数在拟合特定序列的联合分布的效果赋予其不同的权重,与常规方法相比具有一定优势(Dias,2004)。据查阅文献所知,贝叶斯 Copula 函数选择法易于实现且可应用于现存所有的 Copula 函数。因此,本章采用贝叶斯 Copula 函数选择法选择合适的 Copula 函数构建水文气象序列的联合概率分布。贝叶斯 Copula 函数选择法的具体步骤可以参考 Huard 等(2006),本章不再赘述。

4. 两变量关系变异点的诊断

假设:一个两变量序列(x_1, y_1), (x_2, y_2), …, (x_n, y_n),且该序列只存在一个变异点,然后其初始假设和替换假设分别为

$$H_0:\lambda_1 = \lambda_2 = \cdots = \lambda_n, H_1:\lambda_1 = \cdots = \lambda_{k^*} \neq \lambda_{k^*+1} = \cdots = \lambda_n \tag{6.16}$$

如果初始假设被拒绝,则 k^* 是该序列的变异点。当 $k^*=k$ 已知,基于最大似然估计法的 Copula 函数的对数似然统计量的构造如下所示:

$$-2\ln \Lambda_k = 2\left\{ \sum_{i=1}^{k} \ln C_{12}\left[\lambda_k; F(x_i), G(y_i) \right] \right\}$$
$$+ \sum_{i=k+1}^{n} \ln C_{12}\left[\lambda_{k^*}; F(x_i), G(y_i) \right] \tag{6.17}$$
$$- \sum_{i=1}^{n} \ln C_{12}\left[\lambda_n; F(x_i), G(y_i) \right]$$

式中,λ_k、λ_{k^*}、λ_n 表示相应子序列的参数 λ 的最大似然估计;C 表示阿基米德 Copula

函数；考虑到边缘分布和联合分布的拟合效果，k 的取值介于 7 和 $n-6$ 之间。

如果 k^* 事先不知，则

$$Z_n = \max_{7 \leqslant k \leqslant n-6} (-2\ln \Lambda_k) \tag{6.18}$$

当统计量 Z_n 足以拒绝原假设，则该两变量序列的变异点找到。根据 Dias（2004）的研究结果，统计量 Z_n 拒绝原始假设的阈值为 9。

6.3.2 降水-气温关系的变异诊断

1. 渭河流域的分区

渭河流域的面积较大，有不同的气候类型，相应的降水-气温变化特征也不同。因此，不同气候类型中水文变化对全球变暖的响应也不尽相同。为了全面地研究渭河流域内不同区域降水对于气温升高的响应特征，将所有气象站划入几个均质的子区域十分必要。在同一个子区域内，其降水-气温的变化特征相似。因此，采用 K 聚类分析法，根据各站点的高程、纬度、经度、日最高气温、日最低气温和年均降水量数据，将这些站点划分为几个均质的子区域。K 聚类分析的结果表明，当聚类数为 3 时，其相应的 Dunn 指数最大。整个渭河流域被分为 3 个子流域，其具体划分如图 6.11 所示。

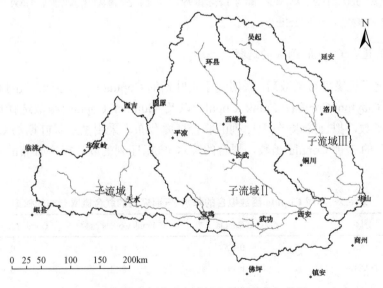

图 6.11　渭河流域子流域划分及相关的气象站

2. 最优边缘分布的选择

为了获取最适合的边缘分布函数，本章分别采用伽马分布、指数分布和对数正态分布，拟合渭河流域年水文序列。通过 K-S 法计算这 3 个分布函数并得到渭河流域水文序列的最优拟合度，其结果如表 6.6 所示。

由表 6.6 可知，在 3 个分区中，除了指数分布以外其他分布的 Hurst 指数值 H 均为 0，表明指数分布不适合拟合渭河流域的降水-气温序列的分布。虽然伽马分布和对数正态分布均通过了 K-S 检验，但是总的来说，伽马分布的 p 值要高于对数正态分布对应的 p 值。因此，伽马分布被选为本章拟合渭河流域降水-气温的最适合的边缘分布函数。

表 6.6　渭河流域水文序列的最优拟合度

分区	序列	伽马分布		指数分布		对数正态分布	
		H	p	H	p	H	p
区域 I	P	0	0.71	1	0	0	0.67
	T	0	0.55	1	0	0	0.48
区域 II	P	0	0.96	1	0	0	0.95
	T	0	0.79	1	0	0	0.75
区域 III	P	0	0.81	1	0	0	0.69
	T	0	0.64	1	0	0	0.57

注：H 表示假设检验的结果，如果其值为 0 表示在 95% 置信度水平下服从原假设，如果其值为 1 表示在 95% 置信度水平下拒绝原假设；p 代表检验的 p 值。

3. 最适合 Copula 函数的选择

确定了边缘分布函数后，采用基于贝叶斯的 Copula 函数选择法从阿基米德家族中的 Clayton Copula、Frank Copula 以及 Gumbel Copula 函数选择最合适的 Copula 函数，拟合降水-气温序列的联合概率分布。采用基于贝叶斯的 Copula 函数选择法的 3 种 Copula 函数，拟合的降水-气温序列的联合概率分布的权重如表 6.7 所示。

表 6.7　不同 Copula 函数拟合的降水-气温序列的联合概率分布的权重

分区	Clayton Copula 函数	Frank Copula 函数	Gumbel Copula 函数
区域 I	0.32	0.41	0.59
区域 II	0.39	0.51	0.55
区域 III	0.32	0.39	0.49

由表 6.7 可知，Gumbel Copula 函数在 3 个子区域中拟合降水-气温的联合概率分布中的权重最大。因此，本章采用 Gumbel Copula 函数拟合各分区内降水-气温的联合概率分布。

4. 渭河流域各分区内降水-气温关系变异诊断

3 个分区基于 Copula 函数的统计量如图 6.12 所示。由图 6.12 可知：

（1）区域 I 在 1966~2001 年的统计量介于 0 和 4.9×10^{-5} 之间，最大值 4.9×10^{-5} 出现在 1994 年，该值低于出现变异点的阈值 9×10^{-5}。因此，区域 I 的降水-气温关系不存在变异点。

（2）区域 II 和 III 的统计量分别为 -1×10^{-5}~3×10^{-5} 与 0~4×10^{-5}，十分接近零。因此，区域 II 和 III 中的降水-气温关系在 1966~2001 年几乎没什么变化。

（3）虽然区域 I 的降水-气温关系在 1966~2001 年没有出现变异点，但是由于它们的统计值量大，其关系有一定的变化。因此，流域中部和东部的降水-气温关系在全球变暖的背景下没有什么变化，而流域西部的降水-气温关系有轻微变化。

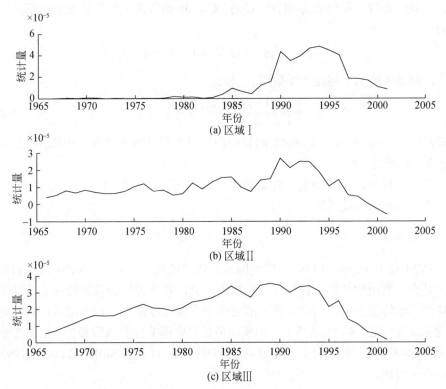

图 6.12　渭河流域 3 个分区基于 Copula 函数的降水-气温关系变异诊断的统计量

总的来说，整个渭河流域的降水-气温关系没有明显的变异点，意味着该区域在全球变暖的背景下，降水-气温关系没有发生明显的变化。

6.4　基于贝叶斯 Copula 函数的降水-径流关系变异诊断

6.4.1　研究方法

基于两变量的贝叶斯 Copula 函数关系的变异诊断已在 6.3.1 小节中进行了详细介绍，本小节不再赘述，仅对 Copula 函数的上尾相关性原理和支持向量机（support vector machine，SVM）进行介绍。

1. Copula 函数的上尾相关性原理

Copula 函数的上尾相依系数能够用于描述小概率事件出现时两变量之间的相关性，当上尾相关性越强时，两变量间出现共同极端事件的概率越大。假设两个随机变量的边缘分布分别为 $F(x)$ 和 $G(x)$，Copula 函数的上尾相依系数的定义可表示为

$$\gamma = \lim_{u \to \gamma} p[Y > G^{-1}(u) \big| X > F^{-1}(u)] \tag{6.19}$$

其中，阿基米德的上尾相依系数可表示为

$$\gamma = \lim_{u \to \gamma} \frac{1 - 2u + C(u,u)}{1 - u} = 2 - 2^{\frac{1}{\theta}} \tag{6.20}$$

式中，$C(u, u)$ 表示基于 Copula 函数的两变量的联合概率分布；θ 表示阿基米德 Copula 函数的参数。

如果上尾相依系数为正，则这个序列的内在联系为正相关，反之亦然。γ 值越大表示其相依程度越高。

2. 支持向量机

SVM 是由 Vapnik（1995）提出的最有效的预测工具之一。SVM 技术的基本思路是充分利用线性模型进行非线性边界分类，将非线性的数据经过非线性映射转换到高维特征空间。因此，在新的空间中形成线性模型，该模型可反映原始空间的非线性特征。SVM 是基于结构风险最低原则而非经验风险最低。很多文献提供了 SVM 技术的具体介绍（Lin et al.，2008；Gao et al.，2001；Vapnik，1998），本章不再赘述。

6.4.2　降水-径流关系的变异诊断

1. 最适合的边缘分布函数的选择

为了获取最适合的边缘分布函数，本章分别采用伽马分布、指数分布、对数

正态分布、广义极值分布以及广义帕累托分布拟合渭河流域年水文气象序列。通过 K-S 法求算出这 5 个分布函数并得到渭河流域水文气象序列的最优拟合度，其结果如表 6.8 所示。由表 6.8 可知：

（1）除了指数分布的 H 值为 1，其他分布的 H 值均为 0，表明指数分布不适合拟合渭河流域的水文气象序列。

（2）虽然伽马分布、对数正态分布、广义极值分布以及广义帕累托分布均通过了 K-S 检验，但是总的来说，伽马分布的 p 值高于其他分布的 p 值。

因此，伽马分布被选为本章拟合渭河流域水文气象要素的最适合的边缘分布函数。

表 6.8　渭河流域水文气象序列的最优拟合度

站点	序列	GD		ED		LD		GEV		GD	
		H	p	H	p	H	p	H	p	H	p
华县	降水	0	0.88	1	0	0	0.87	0	0.83	0	0.76
	径流	0	0.86	1	0	0	0.72	0	0.78	0	0.82
	气温	0	0.54	1	0	0	0.49	0	0.47	0	0.52
	潜在蒸发	0	0.68	1	0	0	0.65	0	0.62	0	0.57
张家山	降水	0	0.83	1	0	0	0.79	0	0.74	0	0.77
	径流	0	0.87	1	0	0	0.68	0	0.85	0	0.88
	气温	0	0.58	1	0	0	0.45	0	0.42	0	0.48
	潜在蒸发	0	0.72	1	0	0	0.63	0	0.81	0	0.58
林家村	降水	0	0.83	1	0	0	0.77	0	0.74	0	0.66
	径流	0	0.79	1	0	0	0.68	0	0.71	0	0.68
	气温	0	0.59	1	0	0	0.53	0	0.55	0	0.47
	潜在蒸发	0	0.68	1	0	0	0.66	0	0.62	0	0.59

注：H 表示假设检验的结果，如果其值为 0 则表示在 95%置信度水平下服从原假设，如果其值为 1 表示位于 95%置信度水平下拒绝原假设；p 代表检验的 p 值；GD、ED、LD、GEV 和 GD 分别表示伽马分布、指数分布、对数正态分布、广义极值分布和广义帕累托分布。

2. 最适合的 Copula 函数的选择

确定了边际分布函数后，采用基于贝叶斯的 Copula 函数选择法，由阿基米德家族中的 Clayton Copula、Frank Copula 及 Gumbel Copula 函数中选择最合适的 Copula 函数，拟合水文气象序列的联合概率分布。基于贝叶斯的 Copula 函数选择法的这 3 种 Copula 函数，拟合得到的水文气象序列的联合概率分布的权重如表 6.9 所示。由表 6.9 可知：

表 6.9　不同 Copula 函数拟合的水文气象序列的联合概率分布的权重

站点	Clayton Copula 函数			Frank Copula 函数			Gumbel Copula 函数		
	P-R	AT-R	PE-R	P-R	AT-R	PE-R	P-R	AT-R	PE-R
华县	0.28	0.31	0.33	0.45	0.39	0.38	0.56	0.55	0.57
张家山	0.37	0.35	0.31	0.47	0.48	0.39	0.49	0.51	0.58
林家村	0.43	0.39	0.28	0.44	0.45	0.44	0.58	0.57	0.54

注：P-R 表示降水–径流；AT-R 表示气温–径流；PE-R 表示潜在蒸发–径流。

（1）Gumbel Copula 函数在华县、张家山以及林家村三站中拟合降水–径流的联合概率分布中的权重最大。

（2）Gumbel Copula 函数在这三站中拟合气温–径流（AT-R）和潜在蒸发–径流（PE-R）的联合概率分布中的权重均大于 Clayton Copula 与 Frank Copula 函数。

因此，本章采用 Gumbel Copula 函数来拟合渭河流域水文序列的联合概率分布。

3. 降水–径流关系变异点的诊断

根据 6.4.1 小节介绍的两变量关系变异点诊断的具体步骤，进行渭河流域华县、林家村以及张家山 3 个水文站的降水–径流关系变异点诊断，结果分别如图 6.13～图 6.15 所示。分析可知：

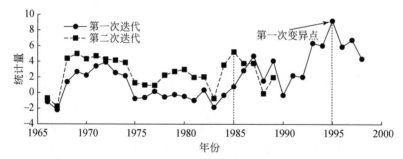

图 6.13　华县站降水–径流关系的变异点诊断

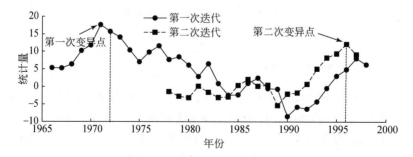

图 6.14　林家村站降水–径流关系的变异点诊断

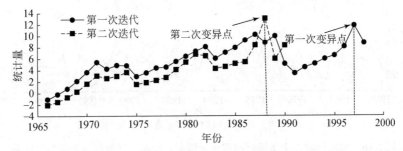

图 6.15　张家山站降水-径流关系的变异点诊断

（1）在华县站的第一次迭代中找到了一个降水-径流关系变异点（1995 年），其最大的 Z 值大于拒绝原始假设的阈值 9。然而，在第二次迭代过程中，其最大的 Z 值小于拒绝原始假设的阈值，因此在该迭代过程中，没有找到新的变异点。

（2）由图 6.14 可知，在林家村站的两次迭代过程中，共找到两个降水-径流关系的变异点（1971 年和 1996 年），它们所对应的最大 Z 值大于拒绝原始假设的阈值。

（3）由图 6.15 可知，在张家山站的两次迭代过程中，共找到两个降水-径流关系的变异点（1988 年和 1997 年）。

1960～2005 年渭河流域 3 个子流域标准化的降水、径流、气温以及潜在蒸发序列如图 6.16 所示。由图可知：

（1）对于林家村站以上流域，在第一个降水-径流关系变异点之前的降水-径流变化的一致性最好，1972～1996 年的一致性较好，而在第二个变异点后其一致性最差。

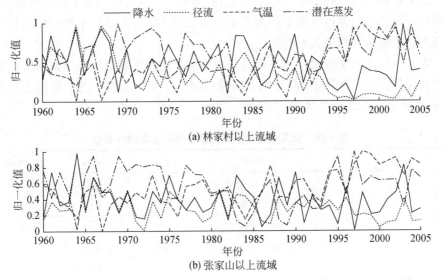

(a) 林家村以上流域

(b) 张家山以上流域

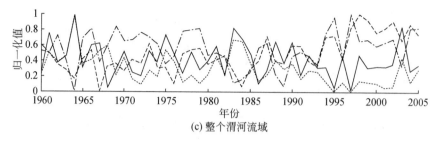

(c) 整个渭河流域

图 6.16　渭河流域 3 个子流域标准化的降水、径流、气温以及潜在蒸发序列

（2）张家山站以上流域与整个渭河流域的变异点前的降水-径流变化的一致性优于变异点后的降水-径流变化的一致性，进一步证明了基于 Copula 函数的降水-径流关系变异点诊断的合理性和可靠性。

由分析结果可知，在气候变化和不断加剧的人类活动的双重影响下，渭河流域的降水-径流关系有明显的弱化趋势。此外，由图 6.16 还发现，3 个子流域的气温有显著的上升趋势，而潜在蒸发量则是先下降后上升。

4. 渭河流域降水-径流关系变异点的内在原因

气候变化与人类活动的影响都可能使渭河流域降水-径流关系产生变异。该流域的降水-径流变异的内在原因将在本节进行讨论。

1）气候变化

从气象因素的角度来看，气温和潜在蒸发量在影响降水-径流关系中扮演重要的角色。本章选择这两个气象要素，分析气候变化对渭河流域降水-径流关系的影响。因为 Gumbel Copula 函数对其上尾分布敏感，所以它被应用于描述降水-径流之间的相依关系。通过分析不同两变量之间关系在变异点前后上尾相依系数的变化情况，来揭示其相依关系的变化。

本章求算了水文气象序列在变异点前后的上尾相依系数，用以揭示气候变化对渭河流域降水-径流关系的影响。变异点前后水文气象序列的上尾相依系数如表 6.10 所示。由表 6.10 可知：

表 6.10　变异点前后水文气象序列的上尾相依系数

站点	时间	P-R	AT-R	PE-R
华县	1960～1994 年	0.67	0.03	0.08
	1995～2005 年	0.45	0.05	0.09
张家山	1960～1987 年	0.73	0.02	0.07
	1988～1996 年	0.56	0.03	0.06
	1997～2005 年	0.48	0.06	0.09

续表

站点	时间	P-R	AT-R	PE-R
林家村	1960~1970 年	0.82	0.02	0.11
	1971~1996 年	0.74	0.03	0.09
	1997~2005 年	0.51	0.04	0.10

注：P-R 表示降水-径流；AT-R 表示气温-径流；PE-R 表示潜在蒸发-径流。

（1）由于降水-径流的上尾相依系数要大于气温-径流和潜在蒸发-径流的上尾相依系数，从气候变化的角度上来看，降水在影响径流变化中扮演最重要的角色。

（2）在这 3 个气候要素中，气温-径流的上尾相依系数最小。值得一提的是，华县站变异点前的降水-径流的上尾相依系数大于变异点后的降水-径流的上尾相依系数，意味着降水-径流关系在逐渐弱化，在其他两个站点也是如此。与此同时，这 3 个水文站相应的变异点前的气温-径流的上尾相依系数小于变异点后的气温-径流的上尾相依系数，表明不断升高的气温对径流变化的影响不断增加，该结论与 He 等（2006）的研究一致。

（3）在华县站，变异点后的潜在蒸发-径流的上尾相依系数大于变异点前的潜在蒸发-径流的上尾相依系数。

（4）在张家山站，1988~1996 年的潜在蒸发-径流的上尾相依系数小于 1960~1987 年和 1997~2005 年的潜在蒸发-径流的上尾相依系数。

（5）在林家村站，1971~1996 年的潜在蒸发-径流的上尾相依系数小于 1960~1970 年和 1997~2005 年的潜在蒸发-径流的上尾相依系数。研究结果表明，潜在蒸发对于径流变化的影响先增大后减小。

总之，从气候变化的角度而言，不断升高的气温和先减小后增大的潜在蒸发量的共同作用，对渭河流域降水-径流关系变异点的产生有一定的影响。

2）人类活动

渭河流域的降水-径流关系变异点总结起来可分三类：20 世纪 70 年代早期、80 年代晚期以及 90 年代中期。人类活动主要以水利工程建设和下垫面的改变为主。水利工程通过截流和导流等方式减小河道的径流量。值得一提的是，渭河流域 20 世纪 70 年代早期兴建了许多水库和灌渠。例如，1970 年修建的羊毛湾水库和冯村水库，1971 年完工的宝鸡峡灌渠以及 1972 年修建的大峪水库和石门水库。此外，该流域 20 世纪 50 年代开始实施水土保持措施，在 20 世纪 70 年代早期其规模大幅度增加。在荒山上种植树木和草，其产流过程可能发生变化。数年后，当植被覆盖成规模后，一定的降水量将被树冠截留，并且蒸发量将增加，从而形成径流的有效降水减少。因此，从人类活动的角度而言，水利工程的建设以及水土保持措施的实施是降水−径流关系在 20 世纪 70 年代早期出现变异点的主要原因。我国在 20 世纪 80 年代早期开始实施土地改革，极大地提高了广大农民群众的生产积极性，渭河流域有效耕种面积增长迅速。不断增加的有效耕地使得流域蓄水能力增强，而直接进入河道的径流量减少。因此，不断增加的有效耕地是 20 世纪 80 年代晚期渭河流域降水−径流关系出现变异点的主要原因。

随着改革开放的不断深入，在 20 世纪 90 年代中期渭河流域的经济取得了快速发展，其经济增长的平均速度约为 10.5%。高速发展的经济需要大量的水资源来支持其可持续发展。在 20 世纪 90 年代后，渭河流域的年均国民经济用水量约为 43 亿 m³/a，和 20 世纪 90 年代前相比，增加了 52.6%（Huang et al.，2014），直接导致径流量的减少。因此，20 世纪 90 年代中期以后渭河流域日益增加的水资源使用量是该时期出现降水−径流关系变异点的主要原因。

由以上分析可知，气候变化与人类活动均对流域的降水−径流关系有一定影响。为从这些因素中辨别出主导因素，本章采用 SVM 模型模拟张家山、林家村及华县站的径流。模型的输入变量为降水量、气温以及潜在蒸发量，输出变量为径流量。因此，模拟出来的径流只受气候变化的影响而不受人类活动的扰动。其中，1960～1994 年为率定期，1995～2005 年为验证期。由 1960～2005 年三站的模拟和实测的年径流序列可以清楚地看到：三站在率定期的模拟与实测径流序列的一致性较好。因此，验证期只反映气候变化影响的模拟径流序列的可靠性强。

采用 Copula 函数方法诊断整个渭河流域以及两个子流域的降水−径流关系的变异情况，张家山、林家村及华县站对应的降水与模拟径流的最大 Z 值分别为 2.86、3.79 和 4.59，均小于出现变异点的阈值（约为 9），而降水与实测径流的最大 Z 值分别为 11.8、17.7 和 9.2。

气候变化对于渭河流域张家山、林家村及华县站的降水−径流关系变化的贡献率分别为 24.18%、21.36%及 49.78%。由此可知，人类活动是渭河流域降水−径流关系变异的主导因素。

6.5　基于径流系数的降水−径流关系的变异诊断

为分析渭河流域降水与径流变异之间的响应关系，本章采用渭河流域 21 个国家标准气象站 1960～2010 年的年降水量数据为研究数据（来自中国气象数据网），使用算术平均的算法获得各子流域的面降水序列，并计算各子流域的年径流系数。采用 Mann-Kendall 突变检验法诊断渭河流域及其子流域年降水量及年径流系数序列是否存在变异点，并分析降水、径流序列变异的响应关系。年径流系数按照式（6.21）计算（崔豳等，2013）：

$$\alpha = \frac{R}{P} \tag{6.21}$$

式中，α 为流域的年径流系数；R 为流域内的径流深，单位为 mm；P 为流域内的降水量，单位为 mm。

6.5.1　年降水量和年径流系数序列的变异诊断

采用 Mann-Kendall 突变检验法判断渭河流域各区域年降水量、年径流量以及年径流系数是否存在变异点，得到的结果见表 6.11～表 6.13。

表 6.11　渭河流域各区域年降水量变异结果表（崔豳等，2013）

区域	变异时间			
	1960～1969 年	1970～1979 年	1980～1989 年	1990～1999 年
北道断面以上	—	—	—	1991～1993 年
泾河流域	—	1972 年	1982 年	1985～1992 年
北洛河流域	—	1972 年	1985～1989 年	—
干流北道-华县段				1990 年

表 6.12　渭河流域各区域年径流量变异结果表（崔豳等，2013）

区域	变异时间			
	1960～1969 年	1970～1979 年	1980～1989 年	1990～1999 年
北道断面以上	—	—	—	1993 年
泾河流域	—	—	—	1997 年、1998 年
北洛河流域	—	—	—	1995 年、1996 年
干流北道-华县段	—	1970 年、1974 年、1977 年	—	1991 年

表 6.13　渭河流域各区域年径流系数变异结果表（崔豳等，2013）

区域	变异时间			
	1960～1969 年	1970～1979 年	1980～1989 年	1990～1999 年
北道断面以上				1994 年
泾河流域	—	—	—	1997 年
北洛河流域				1998 年
干流北道-华县段		1970 年、1975 年		1991 年

由崔豳等（2013）的研究结果可知，20 世纪 90 年代初为渭河干流年降水序列的变异时间集中区，渭河支流泾河和北洛河流域年降水序列的变异时间与渭河干流相比较早，而且时间跨度更大。1972 年、1982 年及 1985～1992 年为泾河流域年降水序列的变异时间，1972 年、1985～1989 年为北洛河流域年降水序列的变异时间。

　　与年径流序列变异的结果相比，渭河流域年径流系数变异的结果与之相似，在 1970 年、1975 年和 1991 年渭河干流北道–华县段的年径流系数序列发生了 3 次变异，剩余的各子流域的年径流系数序列均只在 20 世纪 90 年代发生过 1 次变异。1994 年渭河干流北道断面以上流域径流系数序列发生变异，1997 年和 1998 年分别为泾河及北洛河流域年径流系数序列的变异时间。

6.5.2　降水、径流以及年径流系数序列变异的响应关系

　　由表 6.11～表 6.13 中渭河流域各区域的降水量、径流量以及年径流系数变异结果，判定径流出现变异的主要原因。本书采用还原径流资料计算，消除了水利工程对于河川径流的调节作用。因此，通过还原径流计算出年径流系数序列的变化，反映流域下垫面的变化情况；通过年降水序列的变化来反映气候变化。

　　1）渭河干流北道断面以上流域径流序列变异对降水、年径流系数序列变异的响应关系

　　20 世纪 90 年代初期为渭河干流北道段以上流域的年降水、年径流以及年径流系数序列的变异点。表明在气候变化和人类活动的双重影响下，1993 年渭河干流北道段以上流域的年径流序列发生了变异。

　　2）泾河流域径流序列的变异和降水、年径流系数序列变异的响应关系

　　在 1972 年、1982 年及 1985～1992 年，泾河流域年降水序列均发生了变异；1997 年和 1998 年，年径流序列发生了变异，和年降水序列变异的时间差别比较大；1997 年为年径流系数序列的变异时间。

　　通过分析泾河流域年降水序列的变异结果可以看出，降水序列的变异并未导致相应时间段内年径流序列的变异。表明在泾河流域，气候变化不是年径流量变异的主要原因。

　　泾河流域年径流系数序列变异时间和年径流序列开始变异的时间是一致的，均为 1997 年。可知，泾河流域年径流序列的变异是年径流系数的变异引起的。人类活动所引起的下垫面变化，为泾河流域年径流序列变异的主要（崔屾等，2013）。

　　3）北洛河流域径流序列的变异和降水、年径流系数序列变异的响应关系

　　在 1972 年及 1985～1989 年，北洛河流域年降水序列发生了变异，变异点和泾河流域相似。年降水序列发生变异的时期，年径流序列没有发生变异，表明气候变化不是北洛河流域年径流变异的主要原因。

　　1995 年和 1996 年，北洛河流域年径流序列发生了变异，1998 年年径流系数序列发生了变异，两者发生变异的时间较为接近。由此可知北洛河流域年径流序列变异和年径流系数序列变异之间存在着很强的响应关系，人类活动引起的下垫面变化为北洛河流域年径流序列发生变异的主要原因。

　　4）渭河干流北道-华县段径流序列的变异和降水、年径流系数序列变异的响应关系

　　与其他区域年径流序列仅在 20 世纪 90 年代发生变异的情况不同，渭河干流北道-华县段年径流序列在 20 世纪 70 年代与 20 世纪 90 年代都有变异发生，分别为 1970 年、1974 年、1977 年以及 1991 年。

　　20 世纪 70 年代渭河干流北道-华县段年径流发生变异，年降水未发生变异，而年径流系数序列在 1970 年和 1975 年发生了变异。可知，流域内下垫面变化是 20 世纪 70 年代渭河干流北道-华县段年径流序列发生变异的主要原因。

　　20 世纪 90 年代初期，渭河干流北道-华县段流域的年径流、年降水以及年径流系数序列都发生了变异，变异点分别为 1991 年、1990 年和 1991 年，时间上十分接近。表明在气候变化和人类活动的双重作用下，1991 年渭河干流北道-华县段流域年径流发生了变异。

　　综上可知，渭河流域的各子流域年径流序列都发生过变异，除了渭河干流北道-华县站在 20 世纪 70 年代和 90 年代发生过变异之外，其余子流域只在 90 年代发生了变异。年径流序列变异对年降水、年径流系数序列变异的响应关系均有不同，说明年径流序列变异的原因不同。

　　径流变异和年径流系数变异之间的响应关系非常十分密切，意味着人类活动导致的下垫面变化为渭河流域各子流域年径流变异的主要原因。年降水的变异未引起年径流的变异，但可以与年径流系数共同作用导致径流序列变异，意味着气候变化未引起渭河流域各子流域年径流序列变异，而气候变化与下垫面变化一起作用导致了径流序列的变异。

　　本章先后开展了降水-径流关系变异诊断以及降水-气温关系变异诊断，并对其变异原因进行了系统梳理。

第7章 定量分解气候变化和人类活动对径流变异的贡献率

7.1 基于水文法分解气候变化和人类活动对径流变异的贡献率

采用累积量斜率变化率比较法（王随继等，2012）计算渭河流域气候因素（降水）及人类活动对渭河流域径流变化的影响。该方法在基准期和突变期分别建立累积径流量-年份和累积降水量-年份之间的线性方程，从而通过斜率变化率的比值计算出气候变化对径流变化的贡献率。

假设累积径流量-年份线性关系式的斜率在拐点前后两个时期分别为 K_{R_1} 和 K_{R_2}（单位均为亿 $m^3/年$），累积降水量-年份线性关系式的斜率在拐点前后两个时期分别为 K_{P_1} 和 K_{P_2}（单位均为 mm/ 年），则累积径流量斜率变化率为 $(K_{R_1}-K_{R_2})/|K_{R_2}|$，同样累积降水量斜率变化率为 $(K_{P_1}-K_{P_2})/|K_{P_2}|$，那么降水量对径流量变化的贡献率 C_P 为

$$C_P = \left(\frac{K_{P_1}-K_{P_2}}{|K_{P_2}|} \right) \left(\frac{K_{R_1}-K_{R_2}}{|K_{R_2}|} \right) \tag{7.1}$$

依据水量平衡原理，人类活动对径流量变化的贡献率 C_H 为

$$C_H = 1 - C_P \tag{7.2}$$

渭河流域在 1970 年以前受人类活动影响较小，因此将 1960～1969 年近似作为渭河流域的天然时期（基准期）。1970 年后由于渭河流域大规模开展水利水保措施，其径流过程发生了改变，因此 1970 年以后可近似作为突变期。

1）林家村站

根据渭河流域林家村站 1956～2010 年实测年径流量和年降水量资料绘制出累积径流量和累积降水量与年份之间的线性关系，见图 7.1。

从图 7.1 可以看出，林家村站 1956～2010 年各年代累积降水和累积径流的线性拟合决定系数均在 0.9 以上，拟合程度很高。因此，可以根据各年代累积降水量和累积径流量线性方程的斜率 K_P 和 K_R 计算出突变期相对于基准期的斜率变化率，见表 7.1。

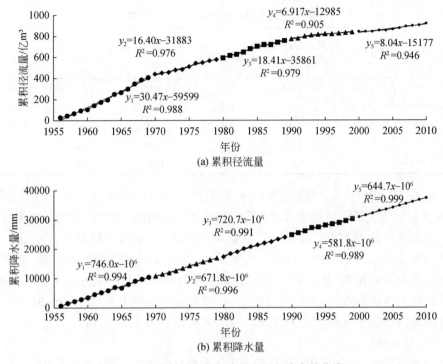

图 7.1　林家村站累积径流量和累积降水量曲线

表 7.1　林家村站累积径流量和累积降水量斜率及其变化率

时间	径流			降水		
	K_R/亿 m³	减少量/亿 m³	变化率/%	K_P/mm	减少量/mm	变化率/%
1956~1969 年	30.36	—	—	738.17	—	—
1970~1979 年	16.40	13.96	45.98	673.92	64.25	8.70
1980~1989 年	17.87	12.49	41.14	709.74	28.43	3.85
1990~1999 年	6.52	23.84	78.52	557.24	180.93	24.51
2000~2010 年	8.23	22.13	72.89	656.67	81.50	11.04
1970~2010 年	16.18	14.18	46.71	678.23	59.94	8.12

　　根据表 7.1 可计算得到的径流量和降水量相对于基准期的变化率，按照式（7.1）计算降水对林家村站径流减少的贡献率。同时，利用实测的径流数据计算各年代径流相对于基准期的总减少量，从而得到气候变化和人类活动对径流减少的影响量，计算结果见表 7.2。

表 7.2　林家村站径流量影响计算结果

时间	径流量/亿 m³	径流总减少量/亿 m³	降水影响		人类活动影响	
			径流减少量/亿 m³	C_P/%	径流减少量/亿 m³	C_H/%
1970～1979 年	22.23	4.75	0.90	18.95	3.85	81.05
1980～1989 年	23.22	3.76	0.35	9.31	3.41	90.69
1990～1999 年	12.90	14.09	4.40	31.23	9.69	68.77
2000～2010 年	9.97	17.02	2.58	15.16	14.44	84.84
1970～2010 年	17.08	9.90	1.72	17.37	8.18	82.63

从表 7.2 可以看出，由于渭河流域 20 世纪 70 年代大规模实施水利水保措施，1970 年以后人类活动对径流量影响所占的比例日益增加。1970～2010 年，林家村站径流总减少量为 17.08 亿 m³，其中受人类活动影响的减少量为 8.18 亿 m³，人类活动的贡献率为 82.63%。因此，人类活动是径流减少的主要影响因素，而且人类活动的贡献率在 20 世纪 80 年代达到最大值为 90.69%。林家村站降水对径流的影响相比人类活动较弱，在 20 世纪 80 年代其贡献率仅为 9.31%，在 20 世纪 90 年代降水的贡献率达到最大 31.23%，减少的径流量为 4.40 亿 m³。

2）魏家堡站

渭河干流魏家堡站累积径流量和累积降水量与年份之间的线性关系见图 7.2。

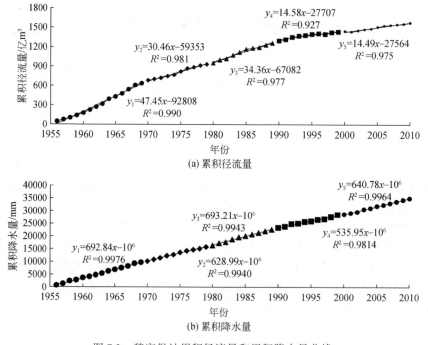

图 7.2　魏家堡站累积径流量和累积降水量曲线

从图 7.2 可以看出，魏家堡站各年代累积降水和累积径流的线性拟合决定系数均在 0.95 以上，拟合程度相当高。可以根据各年代累积降水量和累积径流量线性方程的斜率 K_P 和 K_R 计算出突变期相对于基准期的斜率变化率，见表 7.3。

表 7.3 魏家堡站累积径流量和累积降水量斜率及其变化率

时间	径流			降水		
	K_R/亿 m³	减少量/亿 m³	变化率/%	K_P/mm	减少量/mm	变化率/%
1956~1969 年	47.21	—		677.85		
1970~1979 年	29.92	17.29	36.62	627.08	50.77	7.49
1980~1989 年	34.05	13.16	27.88	684.67	-6.82	-1.01
1990~1999 年	13.8	33.41	70.77	520.27	157.58	23.25
2000~2010 年	15.33	31.88	67.53	635.45	42.4	6.26
1970~2010 年	28.67	18.54	39.27	629.64	48.21	7.11

根据表 7.3 计算出降水对魏家堡站径流减少的贡献率，同时分离出气候变化和人类活动对魏家堡站径流减少的影响量，计算结果见表 7.4。

表 7.4 魏家堡站径流量影响计算结果

时间	径流量/亿 m³	径流总减少量/亿 m³	降水影响		人类活动影响	
			径流减少量/亿 m³	C_P/%	径流减少量/亿 m³	C_H/%
1970~1979 年	29.75	12.72	2.61	20.52	10.11	79.48
1980~1989 年	32.92	9.55	-0.34	-3.56	9.89	103.56
1990~1999 年	16.56	25.91	8.51	32.84	17.40	67.16
2000~2010 年	14.03	28.44	2.64	9.28	25.80	90.72
1970~2010 年	23.32	19.15	3.47	18.12	15.68	81.88

从表 7.4 可以看出，1970~2010 年，魏家堡站的径流总减少量为 19.15 亿 m³，其中受人类活动影响的减少量为 15.68 亿 m³，人类活动的贡献率为 81.88%，人类活动对径流的影响占主导地位。降水对魏家堡站径流影响的贡献率在 20 世纪 90 年代达到最大 32.84%，减少的径流量为 8.51 亿 m³，在 20 世纪 80 年代降水的影响使径流量增加了 0.34 亿 m³，主要原因是渭河 20 世纪 80 年代初期为降水高值年份，因此产流量相比其他年代有所增加。

3）咸阳站

渭河干流咸阳站累积径流量和累积降水量与年份之间的线性关系见图 7.3。

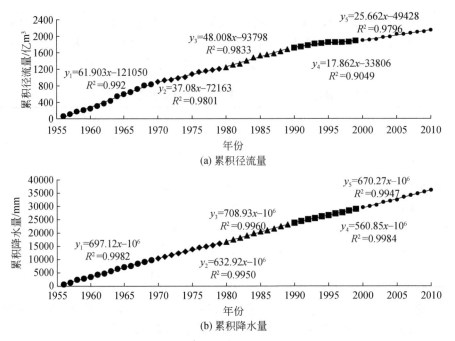

图 7.3　咸阳站累积径流量和累积降水量曲线

从图 7.3 可以看出，咸阳站各年代累积降水和累积径流的线性拟合决定系数均在 0.95 以上，拟合程度相当高。因此，可以根据各年代累积降水量和累积径流量线性方程的斜率 K_P 和 K_R 计算出突变期相对于基准期的斜率变化率，见表 7.5。

表 7.5　咸阳站累积径流量和累积降水量斜率及其变化率

时间	径流			降水		
	K_R/亿 m³	减少量/亿 m³	变化率/%	K_P/mm	减少量/mm	变化率/%
1956~1969 年	61.92	—	—	693.54	—	—
1970~1979 年	37.03	24.89	40.20	637.38	56.16	8.10
1980~1989 年	46.88	15.04	24.29	712.59	-19.05	-2.75
1990~1999 年	18.38	43.54	70.32	559.52	134.02	19.32
2000~2010 年	25.86	36.06	58.24	677.19	16.35	2.36
1970~2010 年	38.18	23.74	38.34	649.35	44.19	6.37

根据表 7.5 计算出降水对咸阳站径流减少的贡献率，同时分离出气候变化和人类活动对咸阳站径流减少的影响量，计算结果见表 7.6。

表 7.6　咸阳站径流量影响计算结果

时间	径流量/亿 m³	径流量总减少量/亿 m³	降水影响		人类活动影响	
			径流减少量/亿 m³	C_P/%	径流减少量/亿 m³	C_H/%
1970~1979 年	36.76	22.06	4.44	20.13	17.62	79.87
1980~1989 年	45.46	13.36	-1.51	-11.30	14.87	111.30
1990~1999 年	22.49	36.33	9.98	27.47	26.35	72.53
2000~2010 年	23.48	35.34	1.43	4.05	33.91	95.95
1970~2010 年	32.05	26.77	4.45	16.62	22.32	83.38

从表 7.6 可以看出，渭河干流咸阳站在 1970~2010 年径流量共减少了 26.77 亿 m³，其中受人类活动影响的减少量为 22.32 亿 m³，人类活动的贡献率为 83.38%，气候变化的贡献率为 16.62%。人类活动对咸阳站径流的影响贡献率在 20 世纪 80 年代达到最大，90 年代减为最小（72.53%）。降水对咸阳站径流影响的贡献率相比林家村和魏家堡站有所减少。在 20 世纪 80 年代由于降水量的增大，径流量增加了 1.51 亿 m³。

4）华县站

渭河干流华县站累积径流量和累积降水量与年份之间的线性关系见图 7.4。

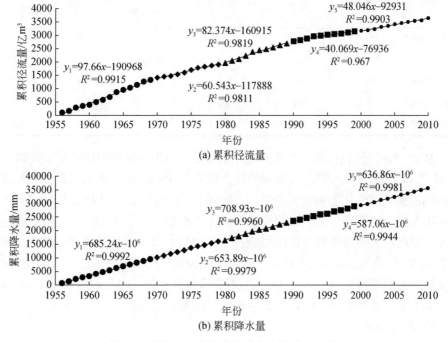

(a) 累积径流量

(b) 累积降水量

图 7.4　华县站累积径流量和累积降水量曲线

从图 7.4 可以看出，渭河干流华县站各年代累积降水和累积径流的线性拟合决定系数均在 0.99 以上，拟合程度很高。根据各年代累积降水量和累积径流量线性方程的斜率 K_P 和 K_R 计算出突变期相对于基准期的斜率变化率，见表 7.7。

表 7.7　华县站累积径流量和累积降水量斜率及其变化率

时间	径流			降水		
	K_R/亿 m^3	减少量/亿 m^3	变化率/%	K_P/mm	减少量/mm	变化率/%
1956~1969 年	96.89	—	—	683.38	—	—
1970~1979 年	60.84	36.05	37.21	646.88	36.5	5.34
1980~1989 年	82.74	14.15	14.60	706.94	-23.56	-3.45
1990~1999 年	38.33	58.56	60.44	576.48	106.9	15.64
2000~2010 年	48.85	48.04	49.58	635.78	47.6	6.97
1970~2010 年	65.28	31.61	32.62	645.16	38.22	5.59

根据表 7.7 计算出降水对华县站径流减少的贡献率，同时分离出气候变化和人类活动对华县站径流减少的影响量，计算结果见表 7.8。

表 7.8　气候变化和人类活动对华县站径流减少的影响量

时间	径流量/亿 m^3	径流总减少量/亿 m^3	降水影响		人类活动影响	
			径流减少量/亿 m^3	贡献率 C_P/%	径流减少量/亿 m^3	贡献率 C_H/%
1970~1979 年	59.48	32.81	4.71	14.36	28.10	85.64
1980~1989 年	79.16	13.13	-3.09	-23.53	16.22	123.53
1990~1999 年	43.79	48.50	12.55	25.88	35.95	74.12
2000~2010 年	46.42	45.87	6.44	14.04	39.43	85.96
1970~2010 年	57.21	35.07	6.01	17.14	29.06	82.86

从表 7.8 可以看出，渭河干流华县站在 1970~2010 年径流量共减少了 35.07 亿 m^3，其中受人类活动影响的减少量为 29.06 亿 m^3，人类活动的贡献率为 82.86%，受气候变化影响的减少量为 6.01 亿 m^3，气候变化的贡献率为 17.14%。各年代人类活动对华县站径流的贡献率均在 70% 以上，并于 20 世纪 80 年代达到最大，因此，人类活动对径流的影响占主导地位。降水对华县站径流的贡献率在 20 世纪 90 年代达到最大 25.88%，在 20 世纪 80 年代径流量增加了 3.09 亿 m^3，主要原因在于渭河流域 1981~1983 年为降水高值年份。因此，20 世纪 80 年代为径流丰水期，受降水的影响，径流量相比前期有所增加。

5）张家山站

渭河支流张家山站累积径流量和累积降水量与年份之间的线性关系见图 7.5。

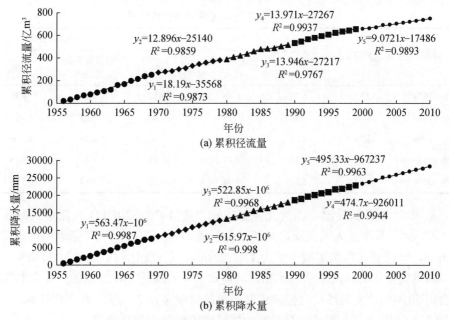

图 7.5　张家山站累积径流量和累积降水量曲线

从图 7.5 可以看出，渭河支流泾河上的张家山站各年代累积降水和累积径流的线性拟合决定系数均在 0.99 以上，拟合程度很高。根据各年代累积降水量和累积径流量线性方程的斜率 K_P 和 K_R 计算出突变期相对于基准期的斜率变化率，见表 7.9。

表 7.9　张家山站累积径流量和累积降水量斜率及其变化率

时间	径流			降水		
	K_R/亿 m³	减少量/亿 m³	变化率/%	K_P/mm	减少量/mm	变化率/%
1956~1969 年	18.16	—	—	560.52	—	—
1970~1979 年	12.87	5.29	29.13	518.84	41.68	7.44
1980~1989 年	13.81	4.35	23.95	516.98	43.54	7.77
1990~1999 年	13.90	4.26	23.46	468.90	91.62	16.35
2000~2010 年	9.04	9.12	50.22	498.86	61.66	11.00
1970~2010 年	13.65	4.51	24.83	513.23	47.29	8.44

根据表 7.9 计算出降水对张家山站径流减少的贡献率，同时分离出气候变化和人类活动对张家山站径流减少的影响量，计算结果见表 7.10。

表 7.10　张家山站径流量影响计算结果

时间	径流量/亿 m³	径流总减少量/亿 m³	降水影响		人类活动影响	
			径流减少量/亿 m³	C_P/%	径流减少量/亿 m³	C_H/%
1970~1979 年	12.74	5.72	1.46	25.52	4.26	74.48
1980~1989 年	13.68	4.78	1.55	32.43	3.23	67.57
1990~1999 年	13.78	4.68	1.42	30.34	3.26	69.66
2000~2010 年	10.36	8.10	1.77	21.85	6.33	78.15
1970~2010 年	12.64	5.82	1.98	34.02	3.84	65.98

从表 7.10 可以看出，渭河支流张家山站在 1970~2010 年径流量共减少了 5.82 亿 m³，其中受人类活动影响的减少量为 3.84 亿 m³，人类活动的贡献率为 65.98%，气候变化影响的减少量为 1.98 亿 m³，气候变化的贡献率为 34.02%。张家山站气候变化对径流影响占比相比其他水文站有所增加，20 世纪 80 年代贡献率达到 30.34%，人类活动对张家山站径流的贡献率在 21 世纪 00 年代达到最大，为 78.15%。因此，人类活动对张家山站径流的影响占主导地位。

6）状头站

渭河支流状头站累积径流量和累积降水量与年份之间的线性关系见图 7.6。

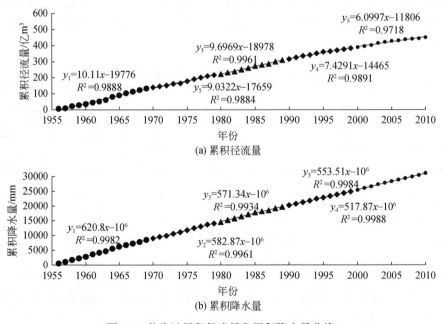

(a) 累积径流量

(b) 累积降水量

图 7.6　状头站累积径流量和累积降水量曲线

从图 7.6 可以看出，渭河支流北洛河上的状头站各年代累积降水和累积径流的线性拟合决定系数均在 0.99 以上，拟合程度很高。根据各年代累积降水量和累积径流量线性方程的斜率 K_P 和 K_R 计算出突变期相对于基准期的斜率变化率，见表 7.11。

表 7.11　状头站累积径流量和累积降水量斜率及其变化率

时间	径流			降水		
	K_R/亿 m³	减少量/亿 m³	变化率/%	K_P/mm	减少量/mm	变化率/%
1956~1969 年	9.99	—	—	612.20	—	—
1970~1979 年	8.76	1.23	12.31	573.61	38.59	6.30
1980~1989 年	9.78	0.21	2.10	569.99	42.21	6.89
1990~1999 年	7.36	2.63	26.33	507.42	104.78	17.12
2000~2010 年	6.19	3.8	38.04	552.45	59.75	9.76
1970~2010 年	8.53	1.46	14.61	560.50	51.70	8.44

根据表 7.11 计算出降水对状头站径流减少的贡献率，同时分离出气候变化和人类活动对状头站径流减少的影响量，计算结果见表 7.12。

表 7.12　状头站径流量影响计算结果

时间	径流量/亿 m³	径流总减少量/亿 m³	降水影响		人类活动影响	
			径流减少量/亿 m³	C_P/%	径流减少量/亿 m³	C_H/%
1970~1979 年	8.35	0.78	0.40	51.28	0.38	48.72
1980~1989 年	7.50	1.63	1.06	65.03	0.57	34.97
1990~1999 年	9.21	-0.09	-0.28	311.11	0.19	-211.11
2000~2010 年	6.22	2.91	0.75	25.77	2.16	74.23
1970~2010 年	7.82	1.31	0.75	57.25	0.56	42.75

从表 7.12 可以看出，渭河支流状头站在 1970~2010 年间，径流量共减少了 1.31 亿 m³，其中受人类活动影响的减少量为 0.56 亿 m³，人类活动的贡献率为 42.75%，气候变化影响的减少量为 0.75 亿 m³，气候变化的贡献率为 57.25%。状头站气候变化对径流影响的贡献率高于人类活动。由于北洛河流域上游 1994 年发生罕见的特大暴雨，形成了流量为 8800m³/s 的特大洪峰。因此，相比基准期，20 世纪 90 年代状头站径流量增加了 0.09 亿 m³，受降水的影响径流量增加了 0.28 亿 m³，受人类活动的影响径流量减少了 0.19 亿 m³。

7.2　基于 Budyko 模型分解气候变化和人类活动对径流变异的贡献率

流域水循环受气候变化和人类活动共同影响。气候变化主要影响降水、蒸发和温度等，它们的变化直接和间接导致径流量产生变化。人类活动对径流变化的影响主要是指人类活动直接导致径流发生变化，并且会间接地影响气候因子，使水文循环过程发生变化。人类活动对径流的直接影响是指坝体建设、地面覆盖和利用、农业灌溉措施、水库运行和水土保持工程兴建等对地下水和地表水的影响。气候变化受人类活动的影响，在全球尺度上，CO_2 的排放量会加剧全球变暖；在区域尺度中，如美国高原地区的灌溉工程会使该区域夏季时段的降水量和径流量增加。

本章利用渭河流域 4 个水文站（林家村、咸阳、临潼和华县站）1960～2010年的实测年径流资料，使用单参数 Budyko 模型，定量分析渭河流域径流受人类活动和气候变化的影响。

7.2.1　方法介绍

1. 单参数 Budyko 模型

基于 Budyko 曲线，Wang 等（2014a）提出了一个单参数的 Budyko 模型，认为时间足够长时，土壤储水量的变化可以忽略不计。降水可以分为三个部分：蒸发、降雨以及径流，该模型认为初始蒸发量（E_O）与径流量无关。此外，$P-E_O$ 为有效降水量，径流与这部分密切相关，可以划分为径流量（Q）和继续蒸发量（E_C）。继续蒸发量（E_C）与初始蒸发量（E_O）之和为总蒸发量。有效潜在蒸发量为潜在蒸发量与初始蒸发量的差值（E_P-E_O）。而径流量为降水量与初始蒸发量的差值（$P-E_O$）。整理得

$$\frac{E-E_O}{E_P-E_O}=\frac{P-E}{P-E_O} \tag{7.3}$$

$$P=\begin{cases} E_O \\ P-E_O \begin{cases} E_C & E_P-E_O \\ Q & P-E_O \end{cases} \end{cases} \tag{7.4}$$

由上述公式，Wang 等（2014a）提出了单参数 Budyko 模型：

$$\frac{E}{P}=\frac{1+E_P/P-\sqrt{(1+E_P/P)^2-4\varepsilon(2-\varepsilon)E_P/P}}{2\varepsilon(2-\varepsilon)} \tag{7.5}$$

式中，$\varepsilon=\gamma/H$，$\gamma=E_O/W$，W 为土壤湿度，$H=E/W$，H 见 Troch 等（2009）的研究。ε 还可以定义为 $\varepsilon=E_O/E$，其取值在 0～1。Budyko 曲线与单参数 Budyko 模

型的边界条件为：当 $E/P \to 0$ 时，$E_\mathrm{P}/P \to 0$；当 $E/P \to 1$ 时，$E_\mathrm{P}/P \to \infty$。

2. 基于 Budyko 曲线的定量分析方法

基于 Budyko 曲线，Wang 等（2011）提出了一种区分人类活动和气候变化对径流变化影响的方法。利用该曲线，本章主要研究年尺度上的人类活动和气候变化对径流的影响。

Budyko（1974）提出流域年平均蒸发量主要由大气对陆面的能量供给（潜在蒸发量）与水供给（降水）之间的平衡关系决定，年平均蒸发量（E）与年平均降水量（P）的比值（E/P）主要受年平均潜在蒸发量（E_P）与年平均降水量的比值（E_P/P，也称干燥度指数）影响，如图 7.7 所示（Budyko，1974）。流域内当 E_P/P 大于 1 时，蒸发量的限制因子为水分供给；当 E_P/P 小于 1 时，蒸发量的限制因子为能量供给。当流域在不同气候条件下时，E_P/P 的变化决定了 E/P 值在 Budyko 曲线上的位置。通过流域实测值计算得到的点大多分布在 Budyko 曲线的周围，这是因为年平均降水除了受干燥度指数的影响，还会受到其他因素的影响，如植被变化（Donohue et al.，2007；Zhang et al.，2001）、土壤蓄水量变化（Milly，1974）、坡度变化（Yang et al.，2007）、降水的季节性变化（Troch，2009）以及渗透能力等。

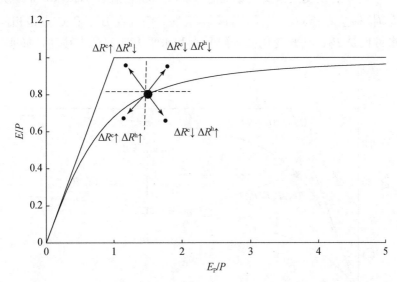

图 7.7　基于 Budyko 曲线的气候变化和人类活动对径流变化的影响关系分析图（$R=Q/P$）

人类活动影响只包含人类活动直接导致的降水量变化，不包含间接人类活动产生的气候变化；气候变化的影响为降水量和潜在蒸发量变化对径流的影响。如图 7.7 所示，若仅受到气候变化的影响则在水平方向发生移动，若在垂直方向移动表明受到人类活动和气候变化的双重影响，人类活动会导致蒸发量和径流量发生变化，而气候变化则会使降水量和实际蒸发量发生变化。实际应用的难点在于，怎样定量化分离垂直方向移动部分由人类活动和气候变化影响的贡献率。

若流域内未受到人类活动的影响，仅在气候变化影响下，气候条件（E_p/P）变湿润或变干，则 E/P 将会随之移向新的位置，但依然遵循原 Budyko 曲线，并出现在其附近。因此，若气候条件（E_p/P）变化，则流域条件（E/P）也将变为一个新的状况，但他们依然遵守 Budyko 曲线。进而，当且仅当气候发生变化时，一个流域点会在 Budyko 曲线上发生移动，当受到人类活动影响时，流域点将在 Budyko 曲线上垂直移动。在以上假设条件中，流域点在垂直方向上的移动可以分为人类活动影响和气候变化两部分。如图 7.7 所示，流域点有四个可能出现的移动方向。当流域点移动到右上角的点时，气候变化和人类活动通过减少径流系数（$R=Q/P$）影响径流；当流域点移动到左下角的点时，径流变化是气候变化和直接人类活动使径流系数增加或者减少引起的。

本章使用的定量分析方法如图 7.8 所示。受人类活动和气候变化的双重影响时，流域点由 A 点（变异前）移动至 B 点（变异后）。其中，变异前年平均蒸发量与年平均降水量的比值和干燥度指数分别定义为 E_1/P_1 和 E_{P_1}/P_1，变异后分别为 E_2/P_2 和 E_{P_2}/P_2。若仅受气候变化影响时，流域点将会沿着 Budyko 曲线从 A 点（$E_{P_1}/P_1, E_1/P_1$）移至 C 点（$E_{P_2}/P_2, E_2/P_2$），由于气候条件在 B 点和 C 点是相同的，C 点的降水量也是 P_2。气候变化会导致垂直和水平方向都产生移动，如垂直方向

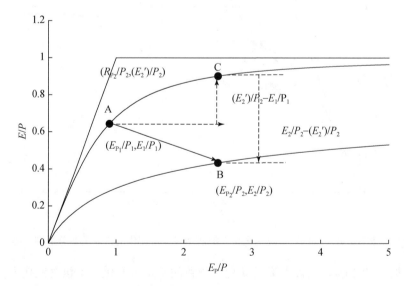

图 7.8　基于 Budyko 曲线的气候变化和人类活动定量分析方法示意图

上从 E_1/P_1 到 E_2/P_2，水平方向上从 E_{P_1}/P_1 到 E_{P_2}/P_2，而人类活动只会导致 E_1/P_1 到 E_2/P_2 在垂直方向上的移动。

气候变化的影响会同时导致水平方向和垂直方向的移动，且两方向的移动都会影响径流变化，但是人类活动只会导致垂直方向的移动。因此，首先计算人类活动对径流变化的影响。在长序列年平均径流序列中，土壤蓄水能力的变化可以忽略，那么径流与降水蒸发的关系可以表示为

$$Q = P(1 - E/P) \tag{7.6}$$

同样，人类活动对径流变化的贡献表示为

$$\Delta Q^{\mathrm{h}} = P_2 \left(\frac{E_2}{P_2} - \frac{E_1}{P_1} \right) \tag{7.7}$$

气候变化对径流变化的贡献可以表示为

$$\Delta Q^{\mathrm{c}} = \Delta Q - \Delta Q^{\mathrm{h}} \tag{7.8}$$

$$\Delta Q = Q_2 - Q_1 \tag{7.9}$$

式中，ΔQ^{h} 是人类活动导致的径流变化量；ΔQ^{c} 是气候变化产生的径流变化量；Q_1 和 Q_2 分别为变异前和变异后实测径流量。

7.2.2　模型建立与验证

1. 模型建立

依据径流变异诊断的结果，变异点最早出现于 1985 年咸阳站，因此本章选择 1985 年作为变异点，变异前时段为 1960～1984 年，并将该阶段定为模型参数校验和计算的基准段，变异后时段为 1985～2010 年，该阶段称为计算径流的变化阶段。

渭河流域年蒸发序列用单参数 Budyko 模型来模拟，该模型有一个系数，为提高模型精度，本章利用最小目标法进行参数优化：

$$\mathrm{OBJ} = \sum_{i=1}^{N} (Q_{\mathrm{rec},i} - Q_{\mathrm{mod},i})^2 \tag{7.10}$$

式中，$Q_{\mathrm{mod},i}$ 和 $Q_{\mathrm{rec},i}$ 分别为年蒸发量模拟值和实测值；N 为序列长度。

为了建立高精度的模型，将 1960～1979 年共 20 年的径流序列定为参数率定期，占整个基准期的 80%，模型校准期为 1980～1984 年共 5 年的蒸发序列。渭河流域 4 个水文站单参数 Budyko 模型的参数 ε 如表 7.13 所示。当参数 ε 的取值范围在 0～1 时，为合理有效取值。同时，参数呈现明显的空间变化时，参数值从上游到下游增加，在上游林家村站为最小值 0.61，而在下游华县站达到最大值 0.75。

表 7.13　渭河流域 4 个水文站的单参数 Budyko 模型的参数 ε（樊晶晶，2016）

水文站	多年平均径流量/mm	多年平均 E_P/mm	多年平均降水量/mm	E_P/P	ε
林家村站	73.84	780.12	513.22	1.57	0.61
咸阳站	80.68	795.59	579.91	1.42	0.65
临潼站	66.10	822.31	582.30	1.46	0.74
华县站	60.67	824.80	589.35	1.45	0.75

2. 模型验证

纳什效率（the Nash-Sutcliffe efficiency，NSE）系数（Zhang et al.，2012b）表示如下：

$$\text{NSE} = 1 - \frac{\sum_{i=1}^{n}(Q_{\text{obs}}^i - Q_{\text{est}}^i)^2}{\sum_{i=1}^{n}(Q_{\text{obs}}^i - Q_{\text{ave}}^i)^2} \qquad (7.11)$$

式中，Q_{obs} 为径流量实测值；Q_{est} 为径流量模拟值；Q_{ave} 为径流量实测值均值。NSE 的取值范围为 $-\infty \sim 1$。当 NSE=1 时，表明该流域径流序列能够很好地用模型模拟；当 NSE 高于 0.5 时，说明模型模拟效果良好。

图 7.9 为渭河流域 4 个水文站 1960～1985 年蒸发量实测值和模拟值的对比图。图中点集中在 1∶1 斜线周围，展示了较好的一致性。表 7.14 为各站的 NSE 和 R^2 计算结果，NSE 为 0.80～0.94，R^2 的变化范围在 0.95～0.97，NSE 和 R^2 越接近 1，说明模拟精度越高。结果表明，各水文站的模拟达到预期效果，说明单参数 Budyko 模型可以较好地模拟渭河流域年蒸发序列。

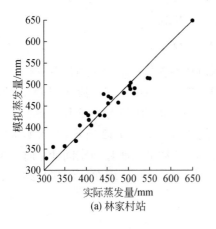

(a) 林家村站

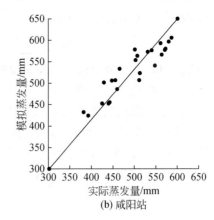

(b) 咸阳站

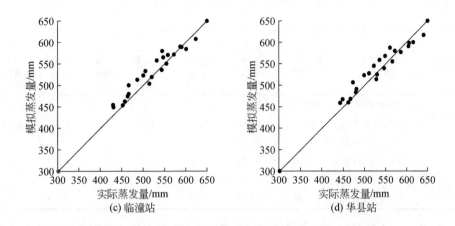

图 7.9　渭河流域 4 个水文站蒸发量实测值与模拟值对比图

表 7.14　单参数 Budyko 模型在参数校准期的 R^2 和 NSE（樊晶晶，2016）

水文站	R^2	NSE
林家村	0.97	0.94
咸阳站	0.95	0.80
临潼站	0.96	0.90
华县站	0.96	0.89

7.2.3　气候变化和人类活动对径流变异的影响

　　本章基于 Budyko 曲线的分析方法，定量化分析了气候变化和人类活动对径流减少的影响（表 7.15）。径流量变化是变异后模拟径流量与变异前实测径流量的差值。同样，人类活动导致的径流变化量为变异后模拟径流量与实测径流量差值。人类活动和气候变化对径流减少的影响，除气候变化对临潼站的影响稍强（贡献率为 56.83%）外，人类活动对其他各站的影响均较强，贡献率分别是：林家村站为 62.90%、咸阳站为 77.47%、华县站是 56.90%。该结果说明，渭河流域 4 个水文站的径流减少不仅受人类活动的影响，而且受气候变化的影响，相比于气候变化对径流减少的影响，人类活动的影响较大。因此渭河流域径流减少的主要影响因素是人类活动。

表 7.15　气候变化和人类活动对渭河径流影响分析（樊晶晶，2016）

水文站	时间	实测径流量/mm	模拟径流量/mm	径流总变化量/mm	人类活动影响		气候变化影响	
					径流变化量/mm	径流变化率/%	径流变化量/mm	径流变化率/%
林家村站	1960～1984 年	99.58	98.36	—	—	—	—	—
	1985～2010 年	49.09	80.85	50.49	31.76	62.90	18.73	37.10

续表

水文站	时间	实测径流量/mm	模拟径流量/mm	径流总变化量/mm	人类活动影响		气候变化影响	
					径流变化量/mm	径流变化率/%	径流变化量/mm	径流变化率/%
咸阳站	1960～1984 年	102.63	108.35	——	——	——	——	——
	1985～2010 年	49.32	90.62	53.31	41.30	77.47	12.01	22.53
临潼站	1960～1984 年	78.84	74.23	——	——	——	——	——
	1985～2010 年	47.89	61.23	30.95	13.36	43.17	17.59	56.83
华县站	1960～1984 年	73.47	73.84	——	——	——	——	——
	1985～2010 年	42.38	60.07	31.09	17.69	56.90	13.40	43.10

定量分析人类活动和气候变化对渭河流域径流序列影响结果表明，人类活动和气候变化对径流变化存在显著影响。渭河流域径流、实际蒸发和降水在变异前阶段（1960～1984 年）与变异后阶段（1985～2010 年）的变化如表 7.16 所示。变异后年径流序列表现出显著减少趋势，相比于变异前，变异后林家村站、咸阳站、临潼站和华县站的径流减少量分别为 51.00%、49.00%、36.00% 和 39.00%；变异后降水量显著减少，与变异前比较，分别减少了 10.00%、10.00%、9.00% 和 10.00%；变异后实际蒸发量表现为小幅度减少，与变异前比较，变异后各站分别变化了 1.00%、2.00%、5.00% 和 5.00%。渭河下游的临潼站，实际蒸发量在变异后减少了 5.00%，径流量减少了 36.00%，降水量减少了 9.00%。

表 7.16　变异前、后渭河流域径流、实际蒸发和降水的变化（樊晶晶，2016）

水文站	径流		实际蒸发量		降水	
	减少量/mm	变化率/%	减少量/mm	变化率/%	减少量/mm	变化率/%
林家村站	50.5	51.00	5.61	1.00	56.14	10.00
咸阳站	52.59	49.00	7.66	2.00	58.19	10.00
临潼站	29.56	36.00	25.68	5.00	58.08	9.00
华县站	29.93	39.00	26.81	5.00	58.85	10.00

7.3　基于 VIC 模型分解气候变化和人类活动对径流变异的贡献率

7.3.1　VIC 分布式水文模型的本地化构建

渭河流域 20 世纪 80 年代以前人类活动对径流影响不显著，已有的研究结果也表明渭河流域大部分水文站点的径流在 1970 年发生了变异，因此将 1960～1970 年作为 VIC 水文模型率定基准期，并选择 20 世纪 80 年代流域土地利用类型图作为模型下垫面的数据源。

我国的地类代码是三级分类，共有 6 大类 67 个小类（其中山地、丘陵、平原、坡地为耕地的三级代码）。该分类方法与 VIC 模型应用的马里兰大学发展的全球 1km 陆面覆盖类型的分类不同，因而在构建渭河流域植被文件时，需要对植被类型进行预处理，以保证分类统一。依据植物特征差异进行分类，若分类的单位越小，则同一单位下的植物所拥有的共同特征越多。门、纲、目和科四个单位逐级递减，最小单位"科"中所包含植物的共同特征最多，本章按照"目"进行合并处理，使其与马里兰大学发展的陆面覆盖类型中的参数库相同。渭河流域大部分乔木属于温带阔叶落叶林，而常绿阔叶林、针叶林等较少，因而不考虑其分布对 VIC 模型的影响。本章中 VIC 模型中一种植被分类由 20 世纪 80 年代土地利用类型图中的多个子项合并而成，确保每个分类号对应的合并代码不重复，合并后的结果如表 7.17 所示。

表 7.17　合并后的地类代码（朱悦璐，2017）

分类号	马里兰大学	合并代码	描述
0	水	41~46	河渠、湖泊、水库坑塘、冰川雪地、沼泽、滩地
1	常绿针叶林	—	—
2	常绿阔叶林	—	—
3	落叶针叶林	—	—
4	落叶阔叶林	21	有林地
5	混交林	31	高覆盖度草地
6	林地	23	疏林地
7	林地草原	24	其他林地
8	密灌丛	22	灌木林
9	灌丛	32	中覆盖度草地
10	草原	33	低覆盖度草地
11	耕地	11~12	水田、旱地
12	裸地	61~66	沙地、戈壁、盐碱地、沼泽地、裸土地、砾石地
13	城市和建筑	51~53	城镇用地、农村用地、其他用地

合并完成后，通过植被参数库文件对这些分类进行描述，不同植被类型的特征数据存放于植被参数库文件中。需要标定的数据有：结构阻抗、叶面积指数、最小气孔阻抗、反照率、零平面位移及糙率等。这些数据一经确定，在模型运行时不再改动，当网格内存在某种植被代码时，该代码所标定的数据由模型从植被参数库文件中调用。本节所应用的合并方案，有助于减轻 VIC 模型的复杂程度，提高运算的精度并节约运算时间。

每个网格内的植被类型分布情况以植被参数文件进行描述，应用 ArcGIS 提取 20 世纪 80 年代我国土地利用类型图每个网格的信息，对每个网格内的覆盖类型进行统计，满足公式：

$$\sum_{i=0}^{13} V_i = L \times W \qquad (7.12)$$

式中，i 为陆面类型分类号；V_i 表示第 i 类植被在网格内所占的面积。

按照 0.5°×0.5°经纬网对流域进行裁剪，并将裁剪后的流域与 20 世纪 80 年代我国土地利用类型图结合，对每个网格内的植被信息进行逐一统计，即可获得 20 世纪 80 年代渭河流域 75 个小格内的植被分布情况，如图 7.10 所示。

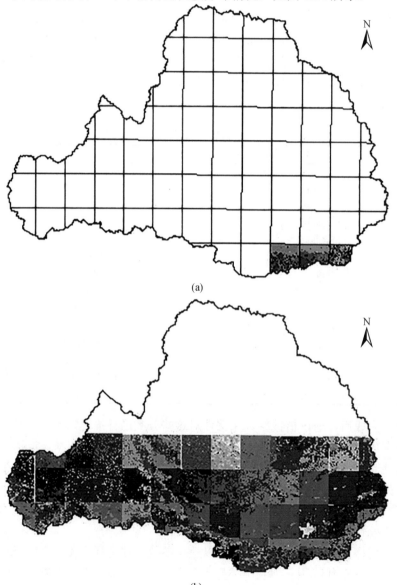

(a)

(b)

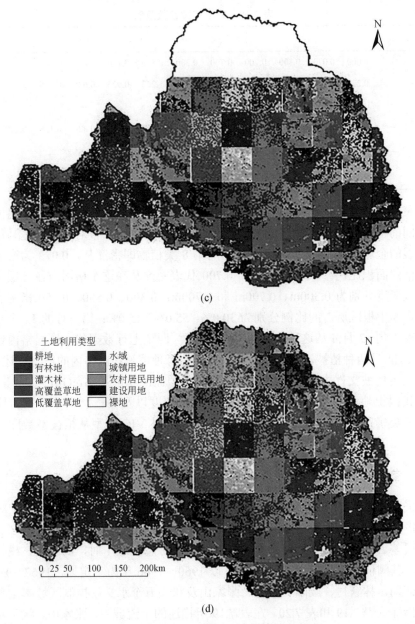

(c)

土地利用类型

耕地　　　　水域
有林地　　　城镇用地
灌木林　　　农村居民用地
高覆盖草地　建设用地
低覆盖草地　裸地

0　25　50　　100　　150　　200km

(d)

图 7.10　20 世纪 80 年代渭河流域陆面覆盖图

VIC 模型中的植被参数文件即为图 7.10 中对应网格的植被覆盖情况。本节以渭河流域 35°25′~105°75′网格中的植被覆盖情况予以示例，如表 7.18 所示。

表 7.18　网格植被参数范例

33744	3	—	—	—	—	—	—	—	—	—	—	—	—
—	—	8.000	0.073	0.300	0.700	0.700	0.300	0.550	0.150	—	—	—	—
指数	—	0.225	0.300	0.412	0.412	0.412	0.613	1.263	0.925	0.636	0.225	0.225	0.225
—	—	10.000	0.843	0.300	0.800	0.700	0.200	—	—	—	—	—	—
—	—	0.119	0.132	0.132	0.153	0.182	0.632	1.747	1.600	0.826	0.158	0.110	0.119
—	—	11.000	0.085	0.300	0.500	0.700	0.500	—	—	—	—	—	—
—	—	0.213	0.213	0.300	0.537	0.537	0.387	0.825	1.062	0.638	0.287	0.225	0.212

　　表 7.18 中第一行 33744 代表该网格在 VIC 模型中的编号，3 代表该格网有三种不同的植被。第二行中 8.000 代表经合并后，第一种植被对应类型是马里兰大学发展的全球 1km 陆面覆盖类型描述的第 8 类植物即密灌丛，0.073 为密灌丛占本网格的面积比例；0.300、0.700、0.700 代表密灌丛在这个格网内在三层土壤中的根区深度分别为 0.300m、0.700m 和 0.700m；0.300、0.550、0.150 指密灌丛在三层土壤中根区所占的比例分别为 30.0%，55.0%，15.0%；第三行的 12 个数据分别代表 1 到 12 月灌丛这种植被的叶面积指数。四至七行数据代表该网格内还存在 10 号、11 号两种植被，分别为草原和耕地，每种植被在网格内的信息描述同上。

　　上述植被文件中，网格内植被类型及其覆盖面积应用 ArcGIS 从 20 世纪 80 年代我国土地利用图中提取，每种植被根区深度以及在三层土壤中所占比例以植被分类确定，而 12 个月的叶面积指数则是通过 VIC 模型从植被参数库文件中读取。

7.3.2　参数率定

　　采用 1960～1970 年的气象资料和经过合并后的土地利用类型数驱动 VIC 模型，并模拟基准期渭河流域各水文站的径流。选择模型纳什效率系数 NSE 和总量精度误差 E_r（%）两个指标评价模拟结果。NSE 越接近 1 时，E_r 越小，模拟效果越好，其阈值一般选择 0.75 和 10%。以 1960～1966 年为率定期，1967～1969 年为验证期，林家村、咸阳、华县、张家山及状头五个水文站控制区域率定参数及评价指标见表 7.19 和表 7.20。在表 7.19 所描述的子流域中，张家山、状头及林家村三个站控制独立流域，因而其参数分别为第 1、2、3 行；咸阳站控制流域受上游林家村站影响，因而其参数为第 3、4 两行综合；华县站控制流域受到林家村和咸阳站影响，因而其参数为第 3～5 行综合；上述 5 个站综合影响渭河出口断面，因此其参数为 1～5 行综合。

表 7.19　各水文站控制区域率定参数

站点	时间	B	D_s	D_m	W_s	d_2	d_3
张家山站	1960～1966 年	0.49	0.600	1.8	0.533	1.4	0.5984
状头站	1960～1966 年	0.07	0.752	6.0	0.489	2.2	0.7326
林家村站	1960～1966 年	0.32	0.066	5.0	0.741	1.3	0.8487
咸阳站	1960～1966 年	0.68	0.034	9.0	0.532	1.5	0.5503
华县站	1960～1966 年	0.30	0.125	8.0	0.667	1.7	0.3590

表 7.20　各水文站评价指标

站点	NSE	E_r/%
张家山站	0.85	2.77
状头站	0.83	3.84
林家村站	0.90	1.18
咸阳站	0.82	4.35
华县站	0.77	5.78
全流域	0.79	5.28

从表 7.20 也可以明显看出，咸阳站和华县站由于受上游参数的影响，NSE 和 E_r 分别为 0.82、4.35%和 0.77、5.78%，模拟的效果略差，而受 5 个分区影响的渭河全流域 NSE 和 E_r 分别为 0.79 和 5.28%，模拟效果略有回升，其原因是泾河、北洛河两条支流的参数选取较好从而对干流模拟结果产生影响。各站基准期模拟值与实测值相关性检验见图 7.11。由图 7.11 可知，经过调参后的 VIC 模型，基准期各测站的径流量模拟值和实测值相关性较高，R^2 在 0.95～0.97，因此从相关性角度出发，采用植被类型合并方案、水文参数率定方法和按各分区逐步率定步骤等手段，在 VIC 模型基准期径流模拟是成功的。各站率定期、验证期模拟值与实测值对比见图 7.12。

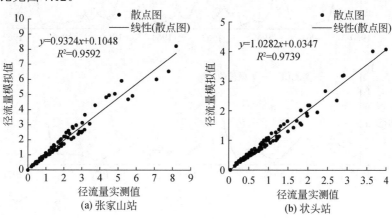

(a) 张家山站　　　　　(b) 状头站

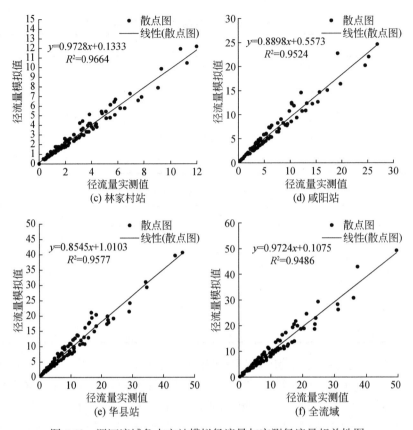

图 7.11　渭河流域各水文站模拟径流量与实测径流量相关性图

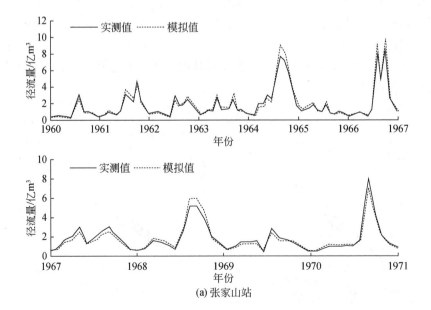

(a) 张家山站

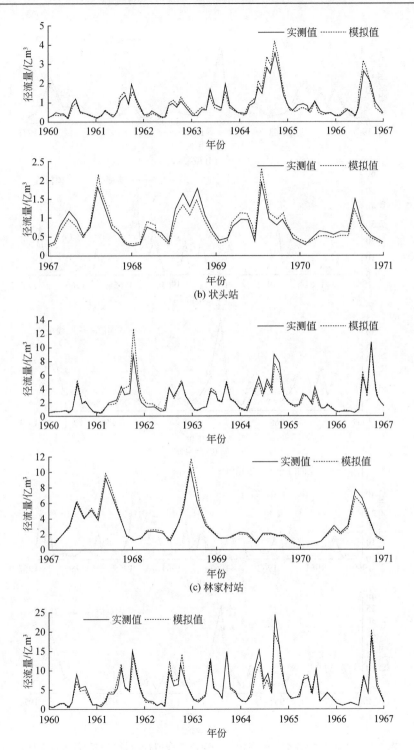

(b) 状头站

(c) 林家村站

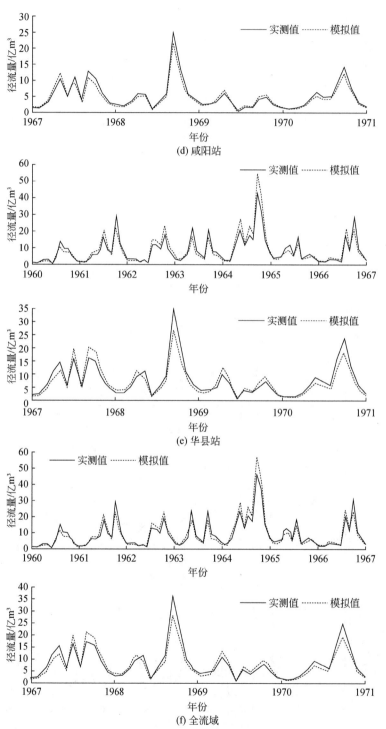

图 7.12　渭河流域各水文站率定期、验证期模拟径流量与实测径流量对比图

7.3.3　气候变化和人类活动对径流变异的影响

1. 分离判定方法

环境变化对流域径流的影响通过流域水文模拟途径分析，首先将实测水文序列根据人类活动状况和实测水文过程的变化特性分为两个阶段：第一阶段是天然阶段，该阶段作为基准时期，基准值为该时期的实测径流量；第二个阶段是人类活动影响阶段。而人类活动影响期的实测水文变量和天然时期的基准值之间的差值包含两部分：其一是人类活动影响部分；其二是气候变化影响部分。分离这两部分的步骤如下：

（1）应用天然阶段的水文气象资料率定水文模型，参数及模型能够反映人类活动显著影响之前用水结构、土地利用等方面对产流的影响。

（2）模型参数保持不变，向模型中输入人类活动影响期间的气象资料，则还原出的径流量可以反映气候变化对产流过程的影响。

（3）以人类活动影响期的实测径流量与上一步还原出的产流量对比，分离出人类活动所造成的产流量。

基准期、人类活动和气候变化对径流的影响及其相互关系如下所示：

$$\Delta W_{\mathrm{T}} = W_{\mathrm{HR}} - W_{\mathrm{B}} \tag{7.13}$$

$$\Delta W_{\mathrm{H}} = W_{\mathrm{HR}} - W_{\mathrm{HN}} \tag{7.14}$$

$$\Delta W_{\mathrm{C}} = W_{\mathrm{HN}} - W_{\mathrm{B}} \tag{7.15}$$

$$\eta_{\mathrm{H}} = \frac{\Delta W_{\mathrm{H}}}{\Delta W_{\mathrm{T}}} \times 100\% \tag{7.16}$$

$$\eta_{\mathrm{C}} = \frac{\Delta W_{\mathrm{C}}}{\Delta W_{\mathrm{T}}} \times 100\% \tag{7.17}$$

式中，ΔW_{T} 是径流总变化量；ΔW_{H} 是人类活动对径流的影响量；ΔW_{C} 是气候变化对径流的影响量；W_{B} 是天然时期的径流量；W_{HR} 是人类活动影响时期的实测径流量；W_{HN} 是人类活动影响时期的天然径流量，由水文模型计算可得出；η_{H}、η_{C} 分别是人类活动和气候变化对径流影响占比。

2. 分离判定结果

1）渭河流域径流总体变化规律

保持 VIC 模型参数不变，输入人类活动影响期 1971～2010 年气象资料，即可得到模型模拟值，对比分析模拟值与基准期实测值，其差值为气候变化对径流的影响量，进而可求出人类活动的影响。图 7.13 为各水文站 1971～2011 年 VIC 模型模拟值与实测值对比图。应用式（7.8）～式（7.12）计算人类活动和气候变化对渭河径流影响，结果如表 7.21 所示。

　　从表 7.21 可知，相对于基准期的 116.9 亿 m³，1971～2010 年渭河流域径流受气候变化和人类活动综合影响的减少量为 63.7 亿 m³。其中，人类活动贡献率为 67%，气候变化贡献率为 33%。各分区水文站中，林家村站径流受人类活动影响贡献率为 72%，华县站径流受气候变化影响贡献率为 39%。

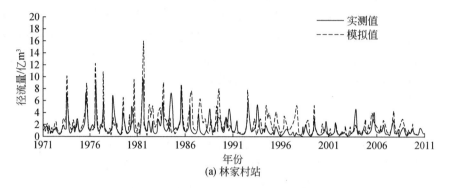

(a) 林家村站

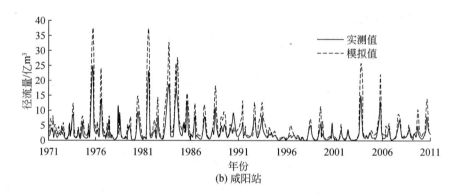

(b) 咸阳站

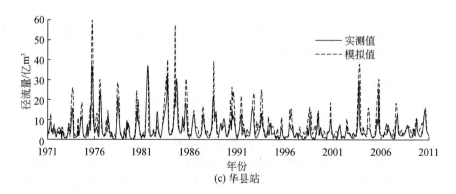

(c) 华县站

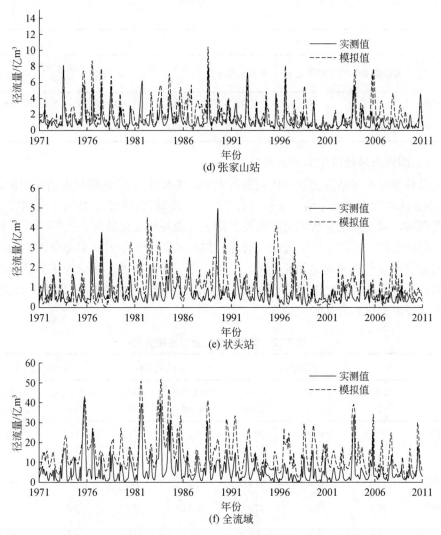

图 7.13　渭河流域各水文站 VIC 模型模拟值与实测值对比图

表 7.21　气候变化和人类活动对渭河流域径流影响

站点	多年平均径流量			气候变化影响		人类活动影响	
	基准期/亿 m³	实测值/亿 m³	模拟值/亿 m³	径流减少量/亿 m³	贡献率/%	径流减少量/亿 m³	贡献率/%
林家村	34.5	16.0	29.3	5.2	28	13.3	72
咸阳	61.9	31.0	51.2	10.7	35	20.2	65
华县	96.1	55.9	80.4	15.7	39	24.5	61
张家山	20.1	12.3	17.4	2.7	35	5.1	65

续表

站点	多年平均径流量			气候变化影响		人类活动影响	
	基准期/亿 m³	实测值/亿 m³	模拟值/亿 m³	径流减少量/亿 m³	贡献率/%	径流减少量/亿 m³	贡献率/%
状头	9.8	7.2	9.0	0.8	31	1.8	69
全渭河	116.9	63.7	99.3	17.6	33	35.6	67

2）渭河流域径流空间变化规律

以林家村水文站以上流域代表渭河上游，林家村–咸阳区间代表渭河中游，咸阳–华县区间代表渭河下游，张家山水文站以上流域代表泾河，状头水文站以上代表北洛河，从空间上分析渭河干流及其两大支流径流变化情况。

渭河上游（简称上游）径流为林家村站径流，渭河中游（简称中游）径流为咸阳站径流量与林家村站径流之差，渭河下游（简称下游）径流为华县站径流与咸阳和张家山站径流之差，泾河径流为张家山站径流，北洛河径流为状头站径流。各分区径流变化如表 7.22。

表 7.22　渭河流域各分区径流变化

区间	多年平均径流量			气候变化影响		人类活动影响	
	基准期/亿 m³	实测值/亿 m³	模拟值/亿 m³	径流减少量/亿 m³	贡献率/%	径流减少量/亿 m³	贡献率/%
上游	34.5	16.0	29.3	5.2	28	13.3	72
中游	27.4	15.0	21.9	5.5	44	6.9	56
下游	14.1	12.6	11.8	2.3	153	-0.8	-53
泾河	20.1	12.3	17.4	2.7	35	5.1	65
北洛河	9.8	7.2	9.0	0.8	31	1.8	69

由表 7.22 可知，相对于基准期，渭河干流径流减少主要是上游减水引起的，林家村站以上受人类活动与气候变化综合影响，径流减少量为 18.5 亿 m³ 占干流总减水量的 57%。渭河上游减水量受人类活动的影响最为显著，贡献率为 72%；人类活动对渭河下游径流增加有贡献，多年平均径流量增加 0.8 亿 m³；而气候变化对渭河下游影响最为显著，贡献率为 153%。渭河支流泾河流域径流受人类活动影响较大，而北洛河受气候影响较为明显。

需要指出，计算渭河下游水量时，以华县站减去张家山站和咸阳站之和所得的水量只是泾河汇入点至华县站的径流，而不是整个渭河下游的径流。由于 VIC 模型本身构架的限制，无法独立模拟出渭河干流下游的水量，渭河下游的模拟结果还应结合其他方法综合确定。

3）渭河流域径流时间变化规律

将人类活动影响期（1971～2010 年）划分为 20 世纪 70 年代、80 年代、90 年代和 21 世纪 00 年代四个时段，从时间上分析各站不同时段径流变化情况，分离气候变化与人类活动影响的方法与前文相同，此处不再赘述。

渭河流域径流时间变化分析结果见表 7.23。模拟计算结果显示，林家村站人类活动影响在 20 世纪 70 年代、80 年代贡献较大，最高达 88%，而在 90 年代人类活动影响减弱为 46%，到 21 世纪 00 年代又有所回升。咸阳站 70 年代人类活动影响贡献最大，达到 73%，之后浮动在 60%左右。华县站人类活动影响在 70 年代达到顶峰，之后逐渐减弱。总的来说，20 世纪 70 年代、80 年代、90 年代和 21 世纪 00 年代渭河上、中、下游人类活动代际变化整体上为减少趋势。

泾河流域人类活动影响从 20 世纪 70 年代开始逐渐增加，到 80 年代达到顶峰，为 128%，说明尽管泾河流域在 20 世纪 80 年代降水对径流有所补充，但是受人类活动影响，径流依旧呈现减少趋势。之后由于人为的控制，人类活动逐渐减弱，直至 21 世纪 00 年代，降低至 42%。由于北洛河径流总量较少，人类活动对径流的影响显得尤为突出，各个年代的贡献率都在 50%以上。

表 7.23　不同时期气候变化和人类活动对径流的影响

| 站名 | 时间 | 多年平均径流量 | | 气候变化影响 | | 人类活动影响 | |
		实测值/亿 m³	模拟值/亿 m³	径流减少量/亿 m³	贡献率/%	径流减少量/亿 m³	贡献率/%
林家村站	1960～1970 年	34.5	—	—	—	—	—
	1971～1980 年	20.9	29.2	5.3	37	9.1	63
	1981～1990 年	23.7	32.8	1.7	12	11.9	88
	1991～2000 年	11.8	22.3	12.2	54	10.5	46
	2001～2010 年	10.9	23.1	11.4	48	12.2	52
	1971～2010 年	16.0	29.3	5.2	28	13.3	72
咸阳站	1960～1970 年	61.9	—	—	—	—	—
	1971～1980 年	34.1	54.5	7.4	27	20.4	73
	1981～1990 年	46.7	55.3	6.6	43	8.6	57
	1991～2000 年	19.1	46.5	15.4	36	27.4	64
	2001～2010 年	24.5	45.7	16.2	43	21.2	57
	1971～2010 年	31.0	51.2	10.7	35	20.2	65
华县站	1960～1970 年	91.6	—	—	—	—	—
	1971～1980 年	55.6	83.4	8.2	23	27.8	77

续表

站名	时间	多年平均径流量		气候变化影响		人类活动影响	
		实测值/亿 m³	模拟值/亿 m³	径流减少量/亿 m³	贡献率/%	径流减少量/亿 m³	贡献率/%
华县站	1981~1990 年	81.5	86.7	4.9	49	5.2	51
	1991~2000 年	39.4	74.6	17.0	33	35.2	67
	2001~2010 年	47.4	70.2	21.4	48	22.8	52
	1971~2010 年	55.9	80.4	11.2	31	24.5	69
张家山站	1960~1970 年	20.1	—	—	—	—	—
	1971~1980 年	11.4	18.3	1.8	21	6.9	79
	1981~1990 年	14.3	21.7	-1.6	-28	7.4	128
	1991~2000 年	12.6	17.2	2.9	39	4.6	61
	2001~2010 年	10.9	13.6	6.5	71	2.7	29
	1971~2010 年	12.3	17.4	2.7	35	5.1	65
状头站	1960~1970 年	10.8	—	—	—	—	—
	1971~1980 年	8.2	10.1	0.7	27	1.9	73
	1981~1990 年	9.4	10.2	0.6	43	0.8	57
	1991~2000 年	5.9	9.3	1.5	31	3.4	69
	2001~2010 年	5.2	8.4	2.4	43	3.2	57
	1971~2010 年	7.2	9.0	1.8	50	1.8	50
华县站－状头站	1960~1970 年	116.2	—	—	—	—	—
	1971~1980 年	63.9	106.4	9.8	19	42.5	81
	1981~1990 年	91.0	107.7	8.5	34	16.7	66
	1991~2000 年	46.7	102.1	14.1	20	55.4	80
	2001~2010 年	53.5	98.2	18.0	29	44.7	71
	1971~2010 年	63.7	105.3	10.9	21	41.6	79

7.4　基于 SWAT 模型分解气候变化和人类活动对径流变异的贡献率

7.4.1　SWAT 分布式水文模型的本地化构建

1. SWAT 模型数据库的建立

采用 SWAT 2009 模拟研究渭河流域径流过程，数据库主要包括流域数字高程模型（digital elevation model，DEM）、土壤数据库、土地利用数据库和气象数据库。这些数据的格式和结构各不相同，需转换成 SWAT 要求的输入格式，为 SWAT

模型的运行做好准备。SWAT 模型要求所有的空间数据必须采用相同的坐标系统。由于 SWAT 在模拟流域水文循环的过程中，子流域、土壤及土地利用等相关特征分类均需通过面积阈值来控制，Alber 等积圆锥投影后的面积能够更好地反映地球表面的真实面积，因此，本节选用 Krasovsky-1940-Albers 等积圆锥投影系统。

1）流域数字高程模型

DEM 是通过等高线的形式来刻画实体地面的空间分布，可以提取流域地形信息（坡度、坡向），数字河网和水系等。本节的 DEM 数据来源于地理空间云，空间分辨率为 30m（图 7.14）。

图 7.14　渭河流域 DEM 图

2）土地利用数据库

SWAT 模型中自带了土地利用的属性值，且每种土地利用由 4 位代码表示。本小节渭河流域的土地利用类型图（1985 年）来源于中国科学院东北地理与农业生态研究所遥感与信息研究中心，比例尺为 1∶10 万（图 7.15）。参考渭河流域实际情况及 SWAT 模型中土地利用分类规则，本小节将渭河流域的土地利用类型在 ArcGIS 中重分类为 10 种土地利用类型，如表 7.24 所示。

表 7.24　渭河流域 1985 年土地利用类型

编号	土地利用类型	含义	SWAT 模型代码
1	耕地	指种植农作物的土地	AGRL
2	林地	指郁闭度<40%的天然木或人工林	FRST
3	灌木林	指郁闭度>40%的天然木或人工林	RNGB

续表

编号	土地利用类型	含义	SWAT 模型代码
4	高覆盖草地	指覆盖度＞50%的天然草地、改良草地和割草地	PAST
5	低覆盖草地	指覆盖度＜50%的天然草地、改良草地和割草地	WWGR
6	水域	指天然形成或人工开挖形成的蓄水区或水域	WATR
7	城镇用地	指大、中、小城市及县镇以上建成区用地	URBN
8	农村居民用地	指农村区住房用地	URLD
9	其他建设用地	指独立于城镇以外的厂矿、交通道路、机场等	UINS
10	裸地	目前还未利用土地，包括比较难利用的土地	BARE

图 7.15 渭河流域 1985 年土地利用类型图

3）土壤数据库

SWAT 模型中的土壤数据库由土壤分布图、土壤物理属性数据库及土壤化学属性数据库组成。本节只对流域径流过程进行模拟研究，因此不需准备土壤的化学属性数据库。

（1）土壤分布图：本节采用的土壤分布图来源于中国科学院南京土壤研究所，比例尺为 1∶100 万。土壤类型共 25 种，如图 7.16 所示。

（2）土壤物理属性数据库：土壤的物理属性与土壤内部的水分运动密切相关，对流域的水文循环过程产生重要影响，主要包括 SOL_Z，SOL_BD，SOL_AWC，SOL_K 等 18 个土壤物理属性参数。

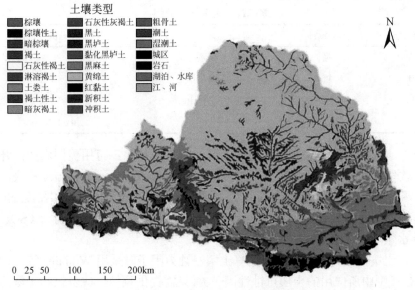

图 7.16　渭河流域土壤类型图

（3）土壤颗粒直径转换：采用国际制对土壤粒径进行分类，而 SWAT 模型中要求的土壤粒径分类标准为美国制，因此需要把土壤粒径的分类标准由国际制转换为美国制。本节应用双参数修正的经验逻辑生长模型来转换土壤粒径的分类，国际制与美国制区别如表 7.25 所示。

表 7.25　土壤粒径分类对照表（王磊，2018）

美国制		国际制	
黏粒 CLAY	粒径＜0.002mm	黏粒	粒径＜0.002mm
粉砂 SILT	粒径：0.002～0.05mm	粉砂	粒径：0.002～0.02mm
砂粒 SAND	粒径：0.05～2mm	细砂粒	粒径：0.02～0.2mm
石砾 ROCK	粒径＞2mm	粗砂粒	粒径：0.2～2mm
—	—	石砾	粒径＞2mm

（4）土壤水文分组：根据 0～5m 厚的表层土壤的饱和度，将土壤分为 A、B、C、D 四类，如表 7.26 所示。土壤的下渗率可由如下经验公式计算得到：

$$X = (20Y)^{1/8} \tag{7.18}$$

$$Y = S/10 \times 0.03 + 0.002 \tag{7.19}$$

式中，X 为土壤的饱和渗透系数；Y 为土壤的平均颗粒直径；S 为砂土含量。

表 7.26 土壤水文分组

水文分组	土壤渗透性	土壤成分	最小下渗率范围/（mm/h）
A	强	砂土、砾石土	7.26～11.34
B	较	砂壤土、粉砂壤土	3.81～7.26
C	中等	壤土、砂性土	1.27～3.81
D	微弱	黏土	0～1.27

（5）土壤湿密度、土壤饱和导水率及土壤有效持水：可用美国农业部开发的SPAW 软件计算上述三个参数。采用该软件 Soil Water Characteristics 模块，根据土壤中黏土（Clay）、有机质（Organic）、砂土（Sand）、砂砾（Gravel）和盐度（Salinit）等的含量计算土壤数据库中所需的土壤湿密度（SOL_BD）、饱和导水率（SOL_K）、有效持水量（SOL_AWC）等参数。

（6）土壤侵蚀力因子：本节估算土壤侵蚀力因子时采用 Williams 等（1990）在 EPIC 模型中所应用的土壤可蚀性因子 K，只需提供颗粒组成资料和土壤的有机碳含量即可计算，其公式如下：

$$K_{USLE} = f_{csand} \times f_{cl\text{-}si} \times f_{orgc} \times f_{hisand} \qquad (7.20)$$

式中，f_{csand} 是粗糙砂土质地土壤侵蚀因子；$f_{cl\text{-}si}$ 是黏壤土土壤侵蚀因子；f_{orgc} 是土壤有机质因子；f_{hisand} 是高沙质土壤侵蚀因子。

$$f_{csand} = 0.2 + 0.3 \times \exp\left[-0.256 \times w_{sd} \times \left(1 - \frac{w_{si}}{100}\right)\right] \qquad (7.21)$$

$$f_{cl\text{-}si} = \left(\frac{w_{si}}{w_{si} + w_{cl}}\right)^{0.3} \qquad (7.22)$$

$$f_{orgc} = 1 - \frac{0.25 \times w_c}{w_c + w_e(3.72 - 2.95 \times w_c)} \qquad (7.23)$$

$$f_{hisand} = 1 - \frac{0.7 \times \left(1 - \dfrac{w_{sd}}{100}\right)}{\left(1 - \dfrac{w_{sd}}{100}\right) + \exp\left[-5.51 + 22.9 \times \left(1 - \dfrac{w_{sd}}{100}\right)\right]} \qquad (7.24)$$

式中，w_{sd} 表示砂粒含量；w_{si} 表示粉粒含量；w_{cl} 表示黏粒含量；w_c 表示有机碳含量。

4）气象数据库

SWAT 模型要求输入的气象数据包括日最低和日最高气温、日降水量、太阳辐射、相对湿度及风速。这些数据为流域气象站实际监测数据，也可由 SWAT 模型自带的天气发生器（weather generator）模拟生成。

采用 21 个气象站的日降水量、日最低和日最高气温实测数据，其他气象数据由天气发生器模拟生成。

5）天气发生器各参数计算

天气发生器依据流域多年（至少 20 年）的逐月气象资料来模拟生成逐日气象资料，其要求输入的参数比较多，主要为月平均最高/最低气温、月最高气温标准偏差、月平均降水量差等。本书根据渭河 1960～2010 年共 51 年的逐月气象资料计算得到渭河流域的天气发生器。本节计算天气发生器参数的计算公式详见黎云云（2016）。

2. 基于 DEM 的水文参数提取

1）流域河网提取及子流域划分

根据流域 DEM 对 SWAT 模型进行地貌分析，得到单元栅格内的水流方向及与相邻单元栅格内的水流关系的对比，确定分水线并设置流域集水面积，从而划分子流域和提取流域河网，流程如图 7.17 所示。

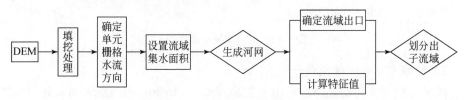

图 7.17　流域河网提取及子流域划分流程

（1）DEM 填洼处理：DEM 的空间插值及分辨率的高低都会使其表面出现凹陷现象，使其有异于流域的实际地形地貌。因此，本节选择 D8 方法对 DEM 进行填洼处理，为后续确定演算流量累积量及水流方向奠定基础。

（2）汇流分析：汇流分析主要包括确定流域水流方向及计算汇流累积量。采用 D8 方法确定水流离开 DEM 单元网格时的水流方向。在此基础上，假定每个 DEM 单元网格内都含有一定的水量，累积计算得到每个网格沿着水流方向的总水量，集水面积由水流经过的单位网格数目决定。

（3）河网提取：当单元栅格内的累积水量超过一定数值后则会形成地表径流，即潜在水流路径，由潜在水流路径形成的单元网格生成河网。因此，需要用户设置最小集水面积阈值（critical source area，CSA）以提取流域河网。CSA 越大，提取的河网越稀疏，则级别较低的河流容易被忽略；CSA 越小，提取的河网越密集，但容易造成伪河流。因而，阈值过大或过小，均难以刻画流域真实河网。本节参考前人研究的结果及渭河流域实际情况，生成渭河流域河网水系时，设定最小集水面积阈值为 80000h。

（4）子流域划分：SWAT 模型在生成流域河网时，会自动标注每两条河道的交汇点，将离交汇点上游最近的单元网格水流聚集点作为流域出口，然后按流域出口划分子流域，最终划分出 95 个子流域，如图 7.18 所示。

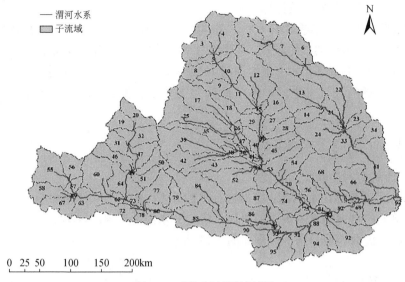

图 7.18　渭河流域子流域图

2）流域水文响应单元划分

流域在空间上的变化特征可由水文响应单元（hydrologic research unit，HRU）更好地反映，为 SWAT 模型中最小的计算单元。在子流域内对 HRU 进行划分，并将子流域内具有相同特征的土壤、坡度及土地利用类型划分成一个 HRU。SWAT 模型中提供了两类划分 HRU 方法，第一类方法是将各子流域内土壤类型和面积最大的土地利用类型组合成一个 HRU，即每个子流域只包含一个 HRU；第二类方法为多个水文响应单元法，通过设置土地利用类型的最小面积百分比阈值和土壤，将具有相同水文特性的单元网格合并成一类 HRU，即每个子流域包含多个 HRU。模型首先计算每个 HRU 的产汇流，然后将子流域内所有的 HRU 产流叠加得到该子流域出口的水量/流量。

由于渭河流域土壤和土地利用类型较复杂，面积较大，为了更好地刻画土地利用类型和不同土壤的水文循环特征，本节用第二类方法划分流域水文响应单元。土设置地利用面积占相应子流域最小面积的 10%，而土壤类型面积占土地利用面积的 15%，并将整个渭河流域划分为 447 个水文响应单元。

7.4.2　参数率定

1. 模拟时段的选取及参数敏感性分析

为保证 SWAT 模型模拟结果的相对准确性，模型的验证期和校准期均需选择

流域水文气象特征相对平稳的阶段，参考前文渭河流域水文气象变异特征，将
1975～1977 年作为模型的基准阶段，1978～1982 年作为模型的校准时段，1983～
1986 年作为模型的验证时段。SWAT 模型中影响水文循环的参数众多，与径流相
关的参数共 26 个，同时调整每个参数非常困难，因而在参数校准之前，对输入变
量进行敏感性分析。对流域的径流参数进行敏感性分析时，利用 SWAT 2009 模型
中自带的敏感性分析方法（latin hypercube one-factor- at-a-time，LH-OAT），结果
如表 7.27 所示。

表 7.27　渭河流域各水文站径流参数敏感性分析

参数	水文站				
	林家村	咸阳	华县	张家山	状头
CN2	√	√	√	√	√
SOL_AWC	√	√	√	√	√
SOL_Z	√	○	√	√	√
SOL_K	√	√	√	√	√
ALPHA_BF	√	√	√	√	√
GWQMN	√	√	√	√	√
ESCO	√	√	√	√	√
CH_K2	√	√	√	√	√
REVAPMN	√	√	√	√	○
GW_DELAY	√	√	√	√	○
GW_REVAP	○	√	√	√	○
RCHRG_DP	○	○	√	○	○
CANMX	○	√	√	√	√
SLOPE	○	○	√	√	√

注：√表示参数对径流敏感；○表示参数对径流不敏感。

2. 参数校准

针对渭河流域的实际情况，利用多站点多变量的思路率定。在空间上，按照
先支流后干流，先上游后下游的校准顺序，即按林家村站、咸阳站、张家山站、
华县站、状头站的顺序依次校准；在方法上，使用人机结合的方式进行参数率定，
首先在宏观上采用自动校准法对径流模拟结果进行调试，其次利用手动试错法微
调模拟结果，最终使得模拟值和实测值的误差满足精度要求。采用与 SWAT 2009
模型配套的 SWAT-CUP 软件中 SUFI2 算法的自动校准工具。手动校准需要理解参
数的物理意义，本节只对敏感性参数进行调试。

3. 模型适用性的评价指标

选用决定系数 R^2、纳什效率系数和相对误差 Re 三个指标对模型的参数校准和验证结果进行评价。

（1）相对误差 Re 的计算公式为

$$\mathrm{Re}=\frac{\overline{Q}_{\mathrm{sim}}-\overline{Q}_{\mathrm{obs}}}{\overline{Q}_{\mathrm{obs}}}\times100\% \tag{7.25}$$

式中，Re 表示模型模拟的相对误差；$\overline{Q}_{\mathrm{sim}}$ 表示模拟的平均流量；$\overline{Q}_{\mathrm{obs}}$ 表示实测的平均流量。

当 Re>0 时，模型的模拟值将偏大；当 Re=0 时，模型的实测值与模拟值完全吻合；Re<0 时，模型的模拟值偏小。

（2）纳什效率系数的计算公式为

$$\mathrm{NSE}=1-\frac{\sum_{i=1}^{n}(Q_{\mathrm{obs},i}-Q_{\mathrm{sim},i})^2}{\sum_{i=1}^{n}(Q_{\mathrm{obs},i}-\overline{Q}_{\mathrm{obs}})^2} \tag{7.26}$$

式中，$Q_{\mathrm{obs},i}$ 为实测流量；$Q_{\mathrm{sim},i}$ 为模拟流量；$\overline{Q}_{\mathrm{obs}}$ 为实测的平均流量；n 为模拟径流序列长度。NSE 值越接近 1 时，说明实测过程与模拟过程的拟合程度越好。

（3）决定系数 R^2 通过线性回归法计算得到，计算公式为

$$R^2=\frac{\sum_{i=1}^{n}(Q_{\mathrm{sim},i}-\overline{Q}_{\mathrm{sim}})(Q_{\mathrm{obs},i}-\overline{Q}_{\mathrm{obs}})}{\sqrt{\sum_{i=1}^{n}(Q_{\mathrm{obs},i}-\overline{Q}_{\mathrm{obs}})^2(Q_{\mathrm{sim},i}-\overline{Q}_{\mathrm{sim}})^2}} \tag{7.27}$$

R^2 越接近 1 时，说明模拟值趋势和实测值趋势的一致性越好。

在月尺度下，最终评价结果的模拟精度标准是上述三个指标必须同时满足以下条件：实测值平均月径流与模拟值平均月径流的相对误差|Re|<20%；月决定系数 R^2>0.6；纳什率系数 NSE>0.5。

4. 参数率定及验证结果

对该流域林家村、咸阳、华县、张家山和状头站月径流序列进行了率定和验证，校准期和验证期实测月流量和模拟月流量分别见图 7.19 和图 7.20，表 7.28 为月评价指标结果。

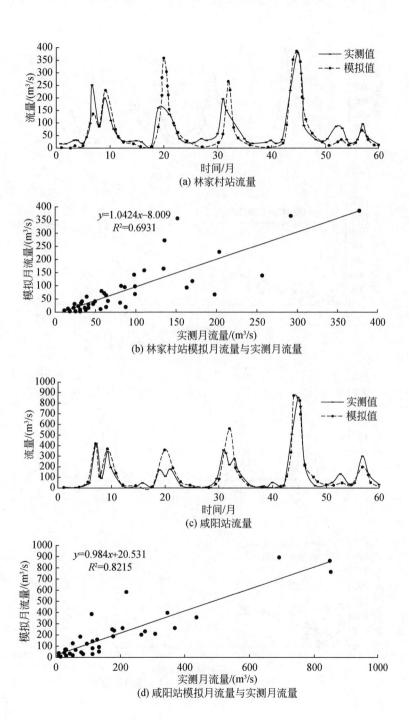

(a) 林家村站流量

(b) 林家村站模拟月流量与实测月流量

(c) 咸阳站流量

(d) 咸阳站模拟月流量与实测月流量

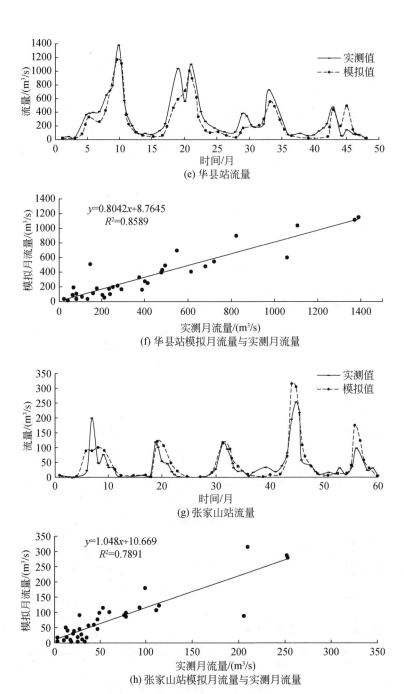

(e) 华县站流量

(f) 华县站模拟月流量与实测月流量

(g) 张家山站流量

(h) 张家山站模拟月流量与实测月流量

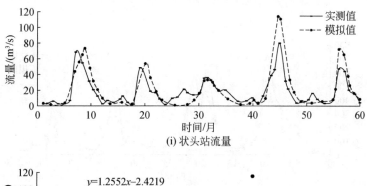

(i) 状头站流量

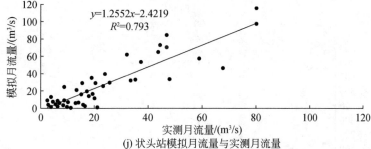

(j) 状头站模拟月流量与实测月流量

图 7.19　校准期（1978～1982 年）实测月流量与模拟月流量的比较

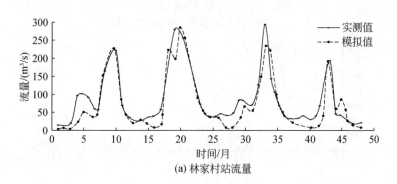

(a) 林家村站流量

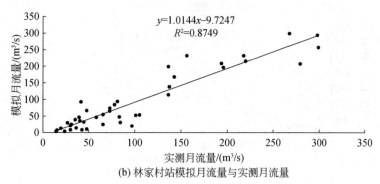

(b) 林家村站模拟月流量与实测月流量

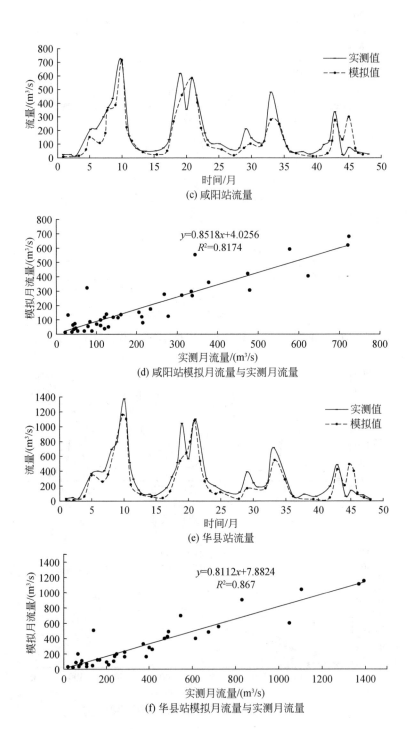

(c) 咸阳站流量

(d) 咸阳站模拟月流量与实测月流量

(e) 华县站流量

(f) 华县站模拟月流量与实测月流量

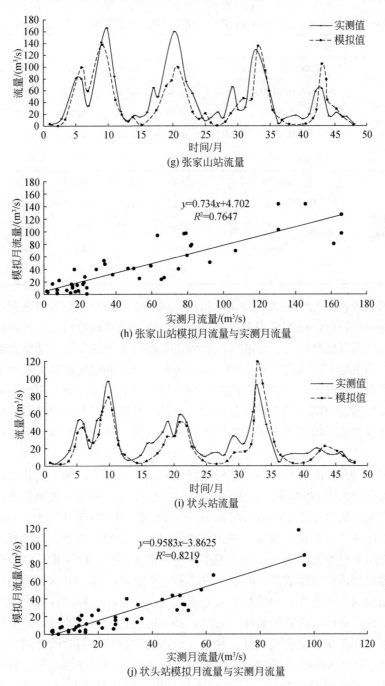

(g) 张家山站流量

(h) 张家山站模拟月流量与实测月流量

(i) 状头站流量

(j) 状头站模拟月流量与实测月流量

图 7.20　验证期（1983～1986 年）实测月流量与模拟月流量的比较

表 7.28　渭河流域各水文站 SWAT 模型月模拟流量评价指标结果（黎云云等，2016）

	水文站	林家村站	咸阳站	华县站	张家山站	状头站
校准期 （1978~1982 年）	月均实测流量/（m³/s）	69.37	113.93	185.02	37.34	18.23
	月均模拟流量/（m³/s）	61.92	117.04	205.72	44.78	20.20
	Re/%	10.73	-2.73	-11.20	-19.95	-10.80
	NSE	0.58	0.75	0.77	0.65	0.51
	R^2	0.73	0.81	0.86	0.79	0.79
验证期 （1983~1986 年）	月均实测流量/（m³/s）	86.84	171.86	301.71	48.14	27.47
	月均模拟流量/（m³/s）	72.24	141.01	241.63	38.65	22.01
	Re/%	16.81	17.95	19.91	19.72	19.87
	NSE	0.80	0.77	0.82	0.68	0.69
	R^2	0.87	0.81	0.86	0.75	0.79

　　由图 7.19、图 7.20 及表 7.28 知，渭河流域各水文站月实测流量过程与模拟流量过程均拟合较好，模型模拟效果验证期优于校准期且模型适用性评价指标均满足要求，原因可能是相比于校准期，土地利用数据（1985 年）更能够真实地反映验证期内的土地利用情况。在空间上分析可知，干流的模型模拟效果优于支流，其主要原因是干流的气象站（气温站和雨量站）多于支流，能够更加准确地展示流域降水气温在空间上的分布特征。同时，林家村断面以上宝鸡峡渠首的大量引水致使林家村的模拟效果劣于咸阳和华县站，同样，泾惠渠渠首和洛惠渠渠首的大量引水也是模型模拟效果在支流上相对较差的主要原因。

　　早在 20 世纪 70 年代，渭河流域已经受到人类活动的影响，尤其是在关中地区存在大中型水库 20 余座，其中库容超过 1 亿 m³ 的大型水库如冯家山、石头河和羊毛湾水库均修建于 70 年代以后。另外，自 20 世纪 70 年代以来，一方面该流域的水土保持措施得到了积极推进，治理面积呈逐年增长趋势，其对流域径流量减少的作用十分明显。另一方面，模型也包含很多不确定性因素，主要有输入数据的不确定性，如气象数据（降水）的准确性及空间数据（DEM）的精度等；模型自身结构的不确定性，如经验公式对流域的水文循环过程进行简单的描述或者水文模型通常是运用大量的概化。同时，SWAT 模型最显著的特征是参数众多，某些参数之间存在一定的相关性，使得模型普遍存在异参同效或者同参异效的现象。这些都是使 SWAT 模型在该流域模拟效果未能达到最佳的原因，而从整体上看，各水文站的径流模拟均可以较好地满足模型适用性评价指标的要求，说明SWAT 模型在渭河流域具有很好的适用性，可用于定量研究气候及土地利用变化对径流的影响。

7.4.3　气候变化和人类活动对径流变异的影响

由渭河流域 1960～2010 年的径流变化趋势分析可知，流域径流整体呈递减趋势，尤其是进入 20 世纪 90 年代后，径流减少趋势更为明显。径流的减少与诸多因素有关（图 7.21），但主要可划分为气候变化和人类活动两大因素。其中，气候因素主要包括降水、气温和蒸发；而人类活动对径流的影响更为复杂，包括水利工程、土地利用及水土保持措施等，如何细化各个因素对径流的影响是水文界的一大难题。本章采用 SWAT 模型，将人类活动细分为土地利用和其他人类活动，定量识别气候、土地利用和其他人类活动三者对流域历史径流演变的贡献率，以期为渭河流域生态恢复及水资源合理开发提供一定的理论依据。

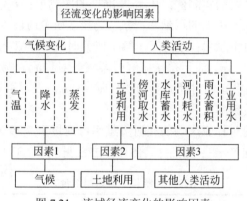

图 7.21　流域径流变化的影响因素

1. 研究方法

由于 SWAT 模型中只考虑气候、土地利用和土壤数据对径流的影响，本章假定土壤数据保持不变，因此 SWAT 模型模拟的径流量只受气候和土地利用的影响。分离气候、土地利用及其他人类活动对径流影响的贡献率，以 1978～1986 年作为基准期。研究期与基准期的实测径流之间的差值由气候变化、土地利用和其他人类活动三部分引起，而研究期与基准期的模拟值之间的差值由气候和土地利用两部分引起，其相互之间的逻辑关系见图 7.22，具体分离方法见式（7.28）～式（7.32）。

$$\Delta R_i = R_{\text{obs},i} - R_{\text{obs},0} \tag{7.28}$$

$$\eta_{\text{CL},i} = \frac{\Delta R_i - \Delta R_{\text{H},i}}{\Delta R_i} \times 100\% \tag{7.29}$$

$$\eta_{\text{H},i} = \frac{R_{\text{sim},i} - R_{\text{obs},i}}{\Delta R_i} \times 100\% \tag{7.30}$$

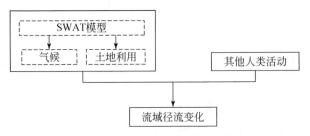

图 7.22　径流影响因素逻辑关系图

$$\eta_{C,i} = \eta_{SC,i} \times \eta_{CL,i} \tag{7.31}$$

$$\eta_{L,i} = \eta_{SL,i} \times \eta_{CL,i} \tag{7.32}$$

式中，ΔR_i 表示第 i 研究时段气候、土地利用和其他人类活动引起的实测径流差值；$R_{obs,i}$ 表示第 i 研究时段的实测值；$R_{obs,0}$ 基准期的实测值；$\eta_{CL,i}$ 表示第 i 研究时段土地利用和气候对径流影响的贡献率；$\eta_{SC,i}$ 为第 i 研究时段 SWAT 模型内气候变化对径流影响的相对贡献率；$\eta_{SL,i}$ 表示第 i 研究时段 SWAT 模型中土地利用对径流影响的相对贡献率；$\eta_{C,i}$ 表示第 i 研究时段气候对径流影响的贡献率；$\eta_{L,i}$ 表示第 i 研究时段土地利用变化对径流影响的贡献率；$\eta_{H,i}$ 表示第 i 研究时段其他人类活动对径流影响的贡献率。

　　气候和土地利用对径流影响的相对贡献率可通过表 7.29 的组合方式在 SWAT 模型中模拟计算得到，$\eta_{SC,i}$ 及 $\eta_{SL,i}$ 具体计算方法见式（7.33）～式（7.37）。

表 7.29　气候和土地利用组合方式

模拟值	组合方式
$R_{sim,0}$	基准期气候和基准期土地利用
$R_{sim,i}$	i 研究期气候和 i 研究期土地利用
$R_{sim,iC}$	基准期土地利用和 i 研究期气候
$R_{sim,iL}$	基准期气候和 i 研究期土地利用

$$\eta_{SC,i} = \frac{R_{sim,iC} - R_{sim,0}}{\Delta R_{S,i}} \times 100\% \tag{7.33}$$

$$\eta_{SL,i} = \frac{R_{sim,iL} - R_{sim,0}}{\Delta R_{S,i}} \times 100\% \tag{7.34}$$

$$\Delta R'_{S,i} = R_{sim,iC} + R_{sim,iL} - 2R_{sim,0} \tag{7.35}$$

式中，$\eta_{SC,i}$ 表示第 i 研究时段模型中气候引起的径流相对贡献率；$\eta_{SL,i}$ 表示第 i 研究时段模型中土地利用引起的径流相对贡献率。

　　为了验证上述组合方式在模型中分离气候和土地利用的可靠性，引入了相对误差 δ，若 $|\delta| < 20\%$，则说明该组合方式模拟计算出的结果具有可信性。相对误差

δ 的计算公式如下所示：

$$\Delta R_{\mathrm{S},i} = R_{\mathrm{sim},i} - R_{\mathrm{sim},0} \tag{7.36}$$

$$|\delta_i| = \left| \frac{\Delta R'_{\mathrm{S},i} - \Delta R_{\mathrm{S},i}}{\Delta R_{\mathrm{S},i}} \right| \times 100\% \tag{7.37}$$

2. 计算结果

按年际将研究时段划分为两个阶段，即 1987～2000 年和 2001～2010 年，分别代表 20 世纪 90 年代和 21 世纪 00 年代。并认为 1995 年的土地利用数据可代表 20 世纪 90 年代的土地利用类型，2005 年的土地利用数据可代表 21 世纪 00 年代的土地利用类型。

1）20 世纪 90 年代径流成因分析

基于 SWAT 模型模拟不同气候和土地利用组合方式下的多年平均径流量，按式（7.28）～式（7.32）可计算得到模型中气候和土地利用对径流演变的相对贡献率，按式（7.33）～式（7.37）可定量分离出气候、土地利用及其他人类活动三者对 20 世纪 90 年代（$i=1$）径流影响的贡献率，结果如表 7.30 所示。与基准期相比，20 世纪 90 年代各站径流量均大幅度减少，减少幅度干流大于支流，下游大于上游。林家村站径流量减少了 13.14 亿 m³；咸阳站径流量减少了 24.89 亿 m³；张家山站径流量减少了 0.54 亿 m³；华县站径流量减少了 36.31 亿 m³；状头站径流量减少了 1.75 亿 m³。各站径流量减少的因素比例如图 7.23 所示。从图 7.23 可以看出，在 20 世纪 90 年代，气候变化是渭河流域径流量减少的主要原因，占到 70%～80%；其他人类活动对各站径流量的影响次之，为 10%～20%；最后是土地利用，它对径流量的影响最小，仅占到 10% 左右。

表 7.30　渭河流域 20 世纪 90 年代各水文站径流成因分析结果

	林家村站	咸阳站	张家山站	华县站	状头站	备注
$R_{\mathrm{obs},0}$/亿 m³	24.33	44.08	13.30	74.76	6.73	实测径流量：基准期
$R_{\mathrm{obs},1}$/亿 m³	11.19	19.19	12.76	39.45	4.98	实测径流量：90 年代
$R_{\mathrm{sim},0}$/亿 m³	21.08	40.49	13.34	7.030	6.65	模拟径流量：基准期土地+基准期气候
$R_{\mathrm{sim},1}$/亿 m³	12.02	23.91	12.82	48.90	5.49	模拟径流量：90 年代土地+90 年代气候
$R_{\mathrm{sim},1C}$/亿 m³	11.96	23.69	12.85	48.70	5.67	模拟径流量：基准期土地+90 年代气候
$R_{\mathrm{sim},1L}$/亿 m³	20.62	40.14	13.27	69.11	6.53	模拟径流量：基准期气候+90 年代土地
ΔR_1/亿 m³	-13.14	-24.89	-0.54	-36.31	-1.75	实测总变化量：90 年代较基准期
$\Delta R_{\mathrm{H},1}$/亿 m³	-0.82	-4.72	-0.06	-9.45	-0.50	实测变化量：90 年代其他人类活动

续表

	林家村站	咸阳站	张家山站	华县站	状头站	备注
$\Delta R_{CL,1}$/亿 m^3	−12.32	−20.18	−0.48	−25.86	−1.25	实测变化量：90 年代（土地+气候）
$\Delta R_{SC,1}$/亿 m^3	−9.13	−16.80	−0.49	−21.60	−0.99	模拟变化量：90 年代气候
$\Delta R_{SL,1}$/亿 m^3	−0.46	−0.35	−0.07	−1.19	−0.12	模拟变化量：90 年代土地
$|\delta|$/%	5.70	3.42	7.30	6.47	4.97	模拟相对误差：90 年代
$\eta_{SC,1}$/%	−95.22	−97.95	−87.42	−94.80	−88.93	模拟相对贡献率：90 年代气候
$\eta_{SL,1}$/%	−4.78	−2.05	−12.58	−5.20	−11.07	模拟相对贡献率：90 年代土地
$\eta_{CL,1}$/%	−93.73	−81.05	−88.78	−73.25	−71.32	实测贡献率：90 年代（气候+土地）
$\eta_{C,1}$/%	−89.26	−79.40	−77.61	−69.44	−63.43	90 年代气候贡献率
$\eta_{L,1}$/%	−4.48	−1.66	−11.17	−3.81	−7.90	90 年代土地贡献率
$\eta_{H,1}$/%	−6.27	−18.95	−11.22	−26.75	−28.68	90 年代其他人类活动贡献率

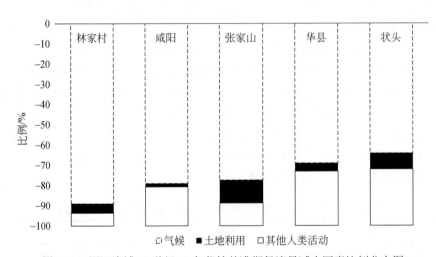

图 7.23 渭河流域 20 世纪 90 年代较基准期径流量减少因素比例分布图

2）21 世纪 00 年代径流成因分析

基于 SWAT 模型模拟不同气候和土地利用组合方式下的多年平均径流量，按式（7.28）～式（7.32）可计算得到模型中气候和土地利用对径流演变的相对贡献率，按式（7.33）～式（7.37）可定量分离出气候、土地利用及其他人类活动三者对 21 世纪 00 年代（$i=2$）径流影响的贡献率，结果如表 7.31 所示。21 世纪 00 年代与基准期相比，各站径流量也大幅度减少，减少幅度仍为干流大于支流，下游大于上游。

表 7.31　渭河流域 21 世纪 00 年代各水文站径流成因分析结果

	林家村站	咸阳站	张家山站	华县站	状头站	备注
$R_{obs,0}$/亿 m³	24.33	44.08	13.30	74.76	6.73	实测径流量：基准期
$R_{obs,2}$/亿 m³	10.10	24.53	7.91	47.50	4.77	实测径流量：21 世纪 00 年代
$R_{sim,0}$/亿 m³	21.08	40.49	13.34	7.030	6.65	模拟径流量：基准期土地+基准期气候
$R_{sim,2}$/亿 m³	14.26	30.07	9.68	64.60	5.58	模拟径流量：21 世纪 00 年代土地+气候
$R_{sim,2C}$/亿 m³	14.48	30.23	10.50	63.11	5.71	模拟径流量：基准期土地+21 世纪 00 年代气候
$R_{sim,2L}$/亿 m³	20.07	39.52	12.66	70.78	6.44	模拟径流量：基准期气候+21 世纪 00 年代土地
ΔR_2/亿 m³	−14.24	−19.55	−5.39	−27.26	−1.96	实测总变化量：21 世纪 00 年代较基准期
$\Delta R_{H,2}$/亿 m³	−4.16	−5.54	−17.10	−1.78	−0.81	实测变化量：21 世纪 00 年代其他人类活动
$\Delta R_{CL,2}$/亿 m³	−10.08	−14.01	−3.62	−10.16	−1.15	实测变化量：21 世纪 00 年代土地+气候
$\Delta R_{SC,2}$/亿 m³	−6.60	−10.27	−2.84	−7.19	−0.94	模拟变化量：21 世纪 00 年代气候
$\Delta R_{SL,2}$/亿 m³	−1.01	−0.97	−0.68	−0.48	−0.21	模拟变化量：21 世纪 00 年代土地
$|\delta_2|$/%	11.44	7.82	3.78	17.72	7.41	模拟相对误差：21 世纪 00 年代
$\eta_{SC,2}$/%	−86.75	−91.37	−80.69	−107.26	−81.57	模拟相对贡献率：21 世纪 00 年代气候
$\eta_{SL,2}$/%	−13.25	−8.63	−7.22	−19.31	−18.43	模拟相对贡献率：21 世纪 00 年代土地
$\eta_{CL,2}$/%	−70.79	−71.67	−67.08	−37.26	−58.79	实测贡献率：21 世纪 00 年代气候+土地
$\eta_{C,2}$/%	−61.41	−65.48	−54.13	−39.95	−47.96	21 世纪 00 年代气候贡献率
$\eta_{L,2}$/%	−9.38	−6.18	−12.95	2.69	−10.83	21 世纪 00 年代土地贡献率
$\eta_{H,2}$/%	−29.21	−28.33	−32.92	−62.74	−41.21	21 世纪 00 年代其他人类活动贡献率

　　除张家山外，各站径流量的变化幅度较 20 世纪 90 年代均有所减少。林家村站径流量减少了 14.24 亿 m³；咸阳站径流量减少了 19.55 亿 m³；张家山站径流量减少了 5.39 亿 m³；华县站径流量减少了 27.26 亿 m³；状头站径流量减少了 1.96 亿 m³。各站径流量减少的因素比例如图 7.24 所示，可以看出，在 21 世纪 00 年代，气候变化是渭河流域中上游径流量减少的主要原因，约为 60%；其他人类活动对其影响次之，约为 30%；最后为土地利用，影响仅占到 10% 左右。但渭河下游地区，华县站径流量的减少主要是由其他人类活动引起的，占到 60% 左右，而气候变化对其影响次之，约为 40%，虽然土地利用有促进该站径流量增加，但效果不明显，约为 3%。气候和其他人类活动对状头站径流量减少的影响比例大致相同，为 40%～50%，土地利用对其影响比例较小，约为 10%。

3. 流域径流成因分析

1）气候变化的影响

从空间上看，气候变化对上游的影响大于下游。从时间上看，20 世纪 90 年

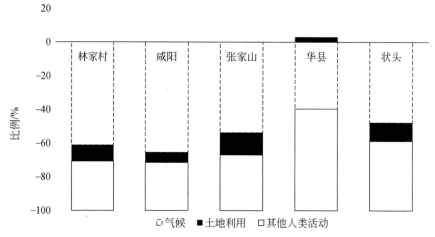

图 7.24 渭河流域 21 世纪 00 年代较基准期径流量减少因素比例分布图

代气候变化对径流的影响程度大于 21 世纪 00 年代。气候对径流的影响主要包括降水和气温两个因子，表 7.32 为 20 世纪 90 年代和 21 世纪 00 年代各区间的多年平均降水量和多年平均气温较基准期的变幅，结果表明，20 世纪 90 年代：气温在各区均有所上升但变幅差异不大，为 0.5~0.6℃；而各区降水量较基准期均大幅度减少且变幅差异较大，其中林家村以上区域降水量减少最为明显，约为 60mm，其次是张家山、咸阳和华县以上区域，最后是状头以上区域，降水量减少幅度相对较小，约为 40mm。这说明气候变化对各站径流的影响程度中，林家村站最为严重，达到了 89.26%，之后为张家山、咸阳和华县站，最后为状头站，其对径流的影响相对较弱，约为 60%。21 世纪 00 年代：各区气温继续呈现升高趋势但变幅差异不大，为 1.0~1.2℃；而各区降水量较基准期均减少但变幅差异不大，但与 20 世纪 90 年代相比，降水量有所增加，这可能是 21 世纪 00 年代气候变化对径流影响程度减弱的主要原因。其中，渭河中上游区域降水量减少相对较大，约为 30mm，渭河下游区域降水量减少幅度相对较小，约为 20mm。同样，也说明了气候变化对渭河流域中上游的径流的影响程度大于其对下游的影响程度。

总之，渭河流域由气候因素引起的径流减少的部分，主要是流域温度的升高和降水的减少共同导致的。

表 7.32　渭河流域研究期与基准期的多年平均气候变幅情况

项目	林家村站以上	咸阳站以上	张家山站以上	华县站以上	状头站以上
$\Delta T_1/℃$	0.5	0.6	0.5	0.6	0.6
$\Delta T_2/℃$	1.1	1.0	1.2	1.0	1.1
$\Delta P_1/mm$	−59	−53	−55	−52	−41

续表

项目	林家村站以上	咸阳站以上	张家山站以上	华县站以上	状头站以上
ΔP_2/mm	-32	-35	-28	-19	-24

注：ΔT_1 表示 20 世纪 90 年代与基准期的气温变化量；ΔT_2 表示 21 世纪 00 年代与基准期的气温变化量；ΔP_1 表示 20 世纪 90 年代与基准期的降水变化量；ΔP_2 表示 21 世纪 00 年代与基准期的降水变化量。

2）土地利用变化的影响

从空间上看，土地利用对流域径流影响的总体趋势为：支流大于干流，支流上，张家山大于状头；干流上，咸阳站受到的影响相对较小，仅占 1.66%，然后是华县和林家村站，但影响都不明显，均在 5%以下。从时间上看，21 世纪 00 年代土地利用变化对径流的影响程度大于 20 世纪 90 年代，但变化幅度不大，均在 10%以内。由第 7 章土地利用类型变化特征分析可知，渭河流域土地利用类型主要为耕地、草地和林地，三者的面积之和占流域总面积的 98%以上，相对于基准期的土地利用而言，面积变化率均不大，约为 10%，这是流域土地利用对径流影响不大的根本原因。而由土地利用转移矩阵分析结果可知，耕地、林地和草地在空间上的位置转移频率较高，印证了流域土地利用对各站径流影响不均一的水文现象。需要说明的是，21 世纪 00 年代土地利用变化对华县站径流量增加有促进作用，原因可能与 21 世纪 00 年代城镇建设（西安市）的迅速发展有关，因为与基准期相比，21 世纪 00 年代的城镇面积增加了 30%左右，进而使流域径流量有所增加。

3）其他人类活动的影响

其他人类活动对流域径流的影响程度从上游到下游逐渐增强；支流上，影响程度泾河小于北洛河。20 世纪 90 年代其他人类活动对径流的影响程度小于 21 世纪 00 年代。其他人类活动主要包括水库蓄水、灌区引水、淤地坝减水、傍河取水、工业及生活用水等。截至 2010 年，渭河流域已建成大、中及小（Ⅰ）型引水工程 1635 处，其中包括宝鸡峡、泾惠渠、洛惠渠三处大、中型引水灌溉工程，分别位于林家村、张家山及状头断面以上；共建成大、中、小（Ⅰ）型蓄水工程 129 座，其中石头河、冯家山、羊毛湾、金盆水库四座大型水库都位于林家村-咸阳断面之间。流域城镇建设及工业经济发达区主要集中于渭河下游区域，即华县断面以上，其中以西安市的人口经济发展最为显著。渭河流域淤地坝在 20 世纪 80 年代面积为 77.90km²，20 世纪 90 年代为 119.96km²，21 世纪 00 年代面积增加到 139.97km²，淤地坝大多修建于两大支流泾河和北洛河。表 7.33 为研究期人类活动措施耗水量较基准期的变化幅度。可以看出，相对于基准期，渭河流域灌区引水、工业和生活用水是其他人类活动引起径流减少的主要原因。特别是近年来城镇工业经济快速发展，城市化生活水平有了较大提高，工业及生活用水量的急剧增加使渭河径流量急剧减小，进而印证了人类活动对流域径流的影响程度从上游到下游逐渐增强，且随着年代际逐渐增强。

表 7.33　渭河流域研究期与基准期的人类活动措施耗水量变幅情况

项目	耗水变化量/亿 m³	
	20 世纪 90 年代	21 世纪 00 年代
水库蓄水	0.54	0.65
淤地坝减水	0.36	0.45
灌区引水	3.03	2.09
工业、生活用水	9.04	11.22

7.5　基于不同模型的气候变化和人类活动对径流变异的贡献率

在前文分别采用水文法、Budyko 模型、VIC 模型、SWAT 模型定量分析了气候变化和人类活动对径流变异的影响贡献率，如表 7.34 所示。从表 7.34 中可以看出，当采用水文法、Budyko 模型、VIC 模型时，气候变化和人类活动对径流变异的影响贡献率计算结果一致，林家村站、咸阳站和华县站均表现为人类活动影响较强，气候变化影响较弱。华县站 SWAT 模型分析结果与其他三个模型计算结果一致，为人类活动影响较强，其他两站林家村和咸阳站则显示不同，表现为气候变化影响大。综合以上分析得到，人类活动对渭河流域径流变异的影响较大，为主要驱动力。

表 7.34　不同模型下气候变化和人类活动对径流变异的影响贡献率

水文站	方法	贡献率/%	
		人类活动	气候变化
林家村	Budyko 模型	63	37
	VIC 模型	72	28
	SWAT 模型	38	62
	水文法	83	17
咸阳	Budyko 模型	77	23
	VIC 模型	65	35
	SWAT 模型	34	66
	水文法	83	17
华县	Budyko 模型	57	43
	VIC 模型	61	39
	SWAT 模型	60	40
	水文法	83	17

　　本章主要通过水文法、Budyko 模型、VIC 模型、SWAT 模型探究了渭河流域径流变异的原因，定量分析了气候变化和人类活动对径流变异的贡献率，并比较了不同模型的结果。

第8章　气候变化和人类活动影响下的径流响应过程

8.1　气候变化情景设置

流域水文过程对气候变化的响应，主要是在水文模型中置入不同的气候变化情景，从而得以实现的，即通过改变模型之中的降水数据或者气温的输入值，模拟形成相应的径流变化过程。现如今，气候情景设置的方法主要有三类，分别为时间序列分析法、基于全球气候模式（global climate model，GCM）的气候情景输出法、任意情景假设法。

（1）时间序列分析法：以气温、降水及径流等长时间序列水文气象数据为基础，应用统计学原理，建立气温、降水与径流三者间的数学统计模型，预测流域在未来气候变化情景下的水文响应过程。

（2）基于 GCM 的气候情景输出法：借助 GCM 生成未来气候变化情景。在实际应用中，常采用降尺度方法克服 GCM 不能输出日尺度数据及时空分辨率低等问题。然后根据 CO_2 的排放量，采用数值模拟研究未来气候情景变化下的流域水文响应过程。

（3）任意情景假设法：根据区域未来气候可能变动的范围，直接改变气候因子，如气温增减若干度（±0.5℃、±1.0℃等），降水增减一定的百分率（±5%、±10%等），定量分析单一气象要素对流域水文的响应过程。或是对不同的气候要素进行任意组合构成多种未来气候情景，分析该变化情景下的流域水文响应过程。

本章采用任意情景假设法从渭河流域径流角度对降水、气温变化的响应程度进行定量分析。该研究区域未来气候可能的变动范围是本方案设置的依据。将气温数据减小 0.5℃、1℃以及增加 0.5℃、1℃，保持降水数据（2001～2010 年）恒定，从而模拟得到四种不同气温变化模式下的年、月径流响应过程；同理，将降水数据减小 5%、10%以及增加 5%、10%，保持气温数据（2001～2010 年）的恒定，得到四种不同降水变化情景下的年、月径流响应过程。

根据设置的不同气候变化情景，在 SWAT 模型中加入 2005 年渭河流域的土地利用数据，输入校核好的参数，模拟 2001～2010 年不同气候变化情景下林家村站、咸阳站、张家山站、华县站、状头站的年、月流量过程。径流（年、月）变化率计算公式（黎云云等，2016）为

$$\eta = \frac{y_i - y_0}{y_0} \times 100\% \qquad (8.1)$$

式中，η 表示平均径流量（年、月）相对变化率；y_i 表示第 i 种气候变化情景下的平均径流量（年、月），亿 m^3；y_0 表示真实情景下的平均径流量（年、月），亿 m^3。

8.2　气候变化情景下的径流响应过程

8.2.1　年均径流响应结果

1. 气温变化情景下的年均径流响应结果

采用式（8.1）计算各站在不同气温变化情景下的年均径流相对变化率，结果见表 8.1。从整体上看，径流对气温变化的敏感度不高，气温在 ±1℃ 范围内波动，径流的变化幅度均在 3% 以内。从空间上来看，如图 8.1 所示，各水文站径流对气温变化的响应程度不尽相同，径流对气温增加的响应程度干流大于支流，但径流对气温减小的响应程度干流小于支流。

表 8.1　渭河流域各水文站不同气温变化情景下年均径流相对变化率　　　（单位：%）

站点	变化率			
	$T-0.5℃$	$T-1℃$	$T+0.5℃$	$T+1℃$
林家村	0.07	0.72	-2.81	-2.37
咸阳	0.09	1.42	-1.44	-1.49
张家山	0.84	2.22	-0.09	-0.57
华县	0.20	1.03	-0.74	-2.36
状头	1.03	1.88	-0.66	-1.16

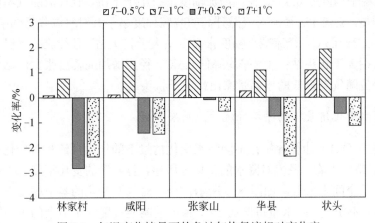

图 8.1　气温变化情景下的各站年均径流相对变化率

干流上：径流对气温降低的响应程度小于其对气温升高的响应程度。气温每上升0.5℃，上游的径流减幅比下游大，林家村站年均径流减小2.81%，咸阳站减小1.44%，华县站减小0.74%；当气温继续升高时，渭河流域上中游径流继续减小的幅度不大，而下游径流继续减小的幅度较大，如气温平均上升到1℃时，华县站年均径流减小2.36%，是气温升高0.5℃情景下径流减小幅度的3倍左右。气温平均降低0.5℃，径流增加幅度上游小于下游，林家村站年均径流增加0.07%，咸阳站增加0.09%，华县站增加0.66%；当气温继续降低时，渭河流域径流继续增加的幅度均很明显，如气温减小1℃时，林家村站年均径流增加0.72%，咸阳站增加了1.42%，华县站增加了1.03%，分别是气温降低0.5℃情景下径流增加幅度的10倍、15倍和5倍左右。

支流上：径流对气温升高的响应程度小于其对气温降低的响应程度。气温平均上升0.5℃，径流减小幅度张家山大于状头，张家山站年均径流减小0.09%，状头站减小0.66%；当气温继续升高时，径流减小的幅度还是张家山站大于状头站，如气温平均上升到1℃时，张家山站年均径流减小0.57%，是气温升高0.5℃情景下径流减小幅度的6倍左右。气温平均降低0.5℃，径流增加的幅度张家山站小于状头站，张家山站年均径流增加0.84%，状头站增加1.03%；但当气温继续降低时，径流增加的幅度张家山站却大于状头站，如气温减小1℃时，张家山站径流增加了2.22%，是气温降低0.5℃情景下径流增加幅度的3倍左右。

综上所述，径流与气温呈负相关关系，但径流对气温敏感度不高，气温在±1℃范围内波动，径流的变幅均在3%以内。但在空间上径流对气温的响应程度不尽相同，对气温增加的程度干流大于支流，但对气温减小的响应程度干流却小于支流。干流上，径流对气温升高的响应程度大于其对气温降低的响应程度：气温平均上升0.5℃，径流减小幅度上游大于下游，但径流随气温增加的减幅流域上中游小于下游；气温平均降低0.5℃，径流增加幅度上游小于下游，且径流随气温降低的增幅均很明显。支流上，径流对气温升高的响应程度小于其对气温降低的响应程度：气温平均上升0.5℃，径流减小幅度张家山站大于状头站，且径流随气温增加的减幅张家山站大于状头站；气温平均降低0.5℃，径流增加的幅度张家山站小于状头站，但径流随气温降低的增幅张家山站大于状头站。

2. 降水变化情景下的年均径流响应结果分析

采用式（8.1）计算各站在不同降水变化情景下的年均径流相对变化率，结果见表8.2。整体上看，径流对降水的变化较敏感，且径流的变化幅度大于降水的变化幅度。从空间上来看，如图8.2所示，径流对气温变化的响应程度干流大于支流，但差异不明显。降水量每增加5%，径流的响应程度在干流上的表现形式为从上游到下游逐渐降低，林家村站的年均径流量增加17.08%，咸阳站增加14.93%，华县站增加12.58%；支流上张家山站径流的响应程度大于状头站，年均径流增加的幅度分别为 10.97%和 7.66%。当降水量持续增加时，各站（除华县外）径流继续保持同比例增加趋势，降水量增加 10%，华县站增加了 25.22%，是降水量增加 5%情景下径流增加幅度的 3 倍左右。降水量减少 5%，干流上中游径流的响应程度小于下游，林家村和咸阳站的年均径流分别减少了 13.37%和 12.74%；支流上张家山站大于状头站，分别减少了 10.73%和 9.80%。当降水量继续减少时，各站（除林家村站外）径流继续保持同幅度减少趋势，降水量减少 10%，林家村站径流减小了 31.72%，是降水量减少 5%情景下径流减少幅度的 3 倍左右。

表 8.2　渭河流域各水文站不同降水变化情景下年均径流相对变化率　　　（单位：%）

水文站	变化率			
	P (1–5%)	P (1–10%)	P (1+5%)	P (1+10%)
林家村	−13.37	−31.72	17.08	28.58
咸阳	−12.74	−25.33	14.93	27.59
张家山	−10.73	−20.02	10.97	23.72
华县	−15.02	−22.52	12.58	25.22
状头	−9.80	−18.58	7.66	21.32

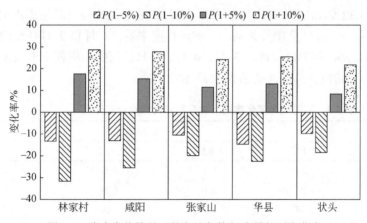

图 8.2　降水变化情景下的各站年均径流量相对变化率

综上所述，降水量与径流量呈正相关关系，且径流对降水的变化较敏感。径流对降水的响应程度在空间上变化差异不大，降水量增加/减少 5%，径流量增加/减少 10%~15%。降水量增加/减少 10%，径流量增加/减少 20%~30%。

8.2.2　年内径流响应结果

1. 气温变化情景下的年内径流响应结果

1）林家村站

不同气温变化情景下林家村站月均径流变化量见表 8.3，采用式（8.1）计算得到该站在不同气温变化情景下月均径流变化率，如图 8.3 所示。可以看出，各月径流对气温变化的响应规律各不相同。$T-1℃$ 情景下：从变化量来看，9 月份径流变化量最明显，径流减少 1.09 亿 m^3；从响应关系来看，5 月、8～11 月径流与气温呈正相关关系，其他各月径流与气温呈负相关关系；从响应程度来看：1～3月径流的响应程度最高，径流增幅为 8%～13%，其次为 4 月、6 月和 7 月，径流增幅约为 3%，其他各月径流的响应程度最低，径流变幅均小于 1%。$T-0.5℃$ 情景下：从变化量来看，9 月份径流变化量最明显，径流减少 1.16 亿 m^3；从响应关系来看，5 月、7～12 月径流与气温呈正相关关系，其他各月径流与气温呈负相关关系；从响应程度来看：2 月和 3 月径流的响应程度最高，径流增幅为 7%～11%，其次为 4 月和 6 月，径流增幅约为 4%，其他各月径流的响应程度最低，径流变幅均小于 2%。$T+0.5℃$ 情景下，从变化量来看，9 月份径流变化量最明显，径流减少 1.13 亿 m^3；从响应关系来看，8 月径流与气温呈正相关关系，其他各月径流与气温呈负相关关系；从响应程度来看：1 月和 2 月径流的响应程度最高，径流增幅为 7%～11%，4 月和 8 月径流的响应程度最低，变幅均小于 1%，其他各月径流变幅为 3%～6%。T+1℃ 情景下：从变化量来看，10 月份径流变化量最明显，径流减小 1.32 亿 m^3；从响应关系来看，3 月和 8 月径流与气温呈正相关关系，其他各月径流与气温呈负相关关系；从响应程度来看，1 月和 2 月径流的响应程度最高，径流增幅为 7%～11%，3 月、4 月、8 月径流的响应程度最低，径流变幅均小于 1%，其他各月径流变幅为 3%～6%。

表 8.3　不同气温变化情景下林家村站月均径流变化量　　　　（单位：亿 m^3）

月份	径流变化量			
	$T-1℃$	$T-0.5℃$	$T+0.5℃$	$T+1℃$
1	0.23	0.05	-0.20	-0.23
2	0.32	0.31	-0.29	-0.28
3	0.28	0.15	-0.04	0.02
4	0.11	0.19	-0.02	-0.04
5	-0.28	-0.01	-0.19	-0.14
6	0.29	0.30	-0.42	-0.47
7	0.56	-0.07	-0.06	-0.64
8	-0.27	0.03	0.21	0.46
9	-1.09	-1.16	-1.13	-0.84
10	-0.31	-0.70	-1.08	-1.32
11	-0.03	-0.24	-0.68	-0.82
12	0.06	-0.07	-0.37	-0.47

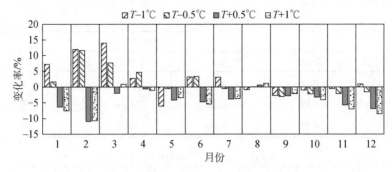

图 8.3　不同气温变化情景下林家村站月均径流变化率

2）咸阳站

不同气温变化情景下咸阳站月均径流变化量见表 8.4，采用式（8.1）计算得到该站在不同气温变化情景下月均径流变化率，如图 8.4 所示。从变化量来看：温度降低时，各月径流变化量不大，均在 1 亿 m³ 以下；温度升高时，10 月径流变化量最大，为 1 亿～1.5 亿 m³，其他各月变化量不大，均在 1 亿 m³ 以下。从响应关系来看：除 7～11 月外，其他各月径流与气温均呈负相关关系。从响应程度来看：4～11 月径流对气温变化敏感度不高，尤其 8～9 月径流最不敏感，变化幅度均在 1%以下；1～3 月和 12 月径流对气温变化敏感度较高，但对气温变化的响应程度各不相同，气温降低 1℃时，1 月径流响应程度最高，径流增幅为 18%，其次为 2～3 月，径流增幅约为 10%；气温降低 0.5℃时，1～3 月径流响应程度最高，径流增幅约为 7%；气温升高 0.5℃时，2 月和 12 月径流响应程度最高，径流减幅为 5%～7%；气温升高 1℃时 1 月、2 月、12 月径流响应程度最高，增加幅度为 5%～7%。

表 8.4　不同气温变化情景下咸阳站月均径流变化量　　（单位：亿 m³）

月份	径流变化量			
	$T-1℃$	$T-0.5℃$	$T+0.5℃$	$T+1℃$
1	0.99	0.40	-0.21	-0.29
2	0.53	0.30	-0.33	-0.32
3	0.49	0.30	-0.12	-0.15
4	0.36	0.16	-0.04	-0.07
5	0.09	0.21	-0.21	-0.29
6	0.19	0.33	-0.36	-0.38
7	0.70	-0.09	-0.79	-0.68
8	0.25	-0.24	0.17	0.64
9	-0.43	0.66	-1.07	0.74

续表

月份	径流变化量			
	$T-1℃$	$T-0.5℃$	$T+0.5℃$	$T+1℃$
10	0.85	−0.24	−1.08	−1.50
11	0.55	−0.18	−0.79	−0.99
12	0.49	0.06	−0.51	−0.61

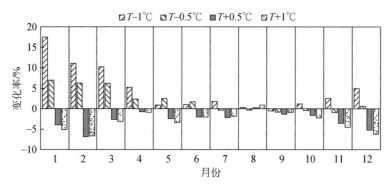

图 8.4　不同气温变化情景下咸阳站月平均径流变化率

3）张家山站

不同气温变化情景下张家山站月均径流变化量见表 8.5，采用式（8.1）计算得到该站在不同气温变化情景下月均径流变化率，如图 8.5 所示。可以看出，不同气温变化情景下，各月径流变化量均不大，响应关系不稳定；除 2 月外，其他月份径流对气温变化的响应程度均不高，均在 3%以下。就 2 月而言，气温降低1℃，径流增加 18%；气温降低 0.5℃，径流增加 13%；气温升高 0.5℃，径流增加 4%；气温增加 1℃，径流增加 28%。

表 8.5　不同气温变化情景下张家山站月均径流变化量　　（单位：亿 m³）

月份	径流变化量			
	$T-1℃$	$T-0.5℃$	$T+0.5℃$	$T+1℃$
1	0.02	−0.01	0.02	0.06
2	0.63	0.46	0.12	−1.01
3	0.13	0.02	0.07	−0.03
4	−0.04	−0.02	0.03	0.04
5	0.03	−0.04	−0.01	−0.04
6	0.42	0.29	−0.13	−0.34
7	0.71	0.30	−0.28	−0.17
8	1.08	0.18	−0.52	−0.25
9	0.40	0.18	−0.13	0.18

续表

月份	径流变化量			
	$T-1℃$	$T-0.5℃$	$T+0.5℃$	$T+1℃$
10	0.94	0.28	0.02	0.18
11	0.19	0.08	0.05	0.07
12	0.15	0.09	0.01	0.02

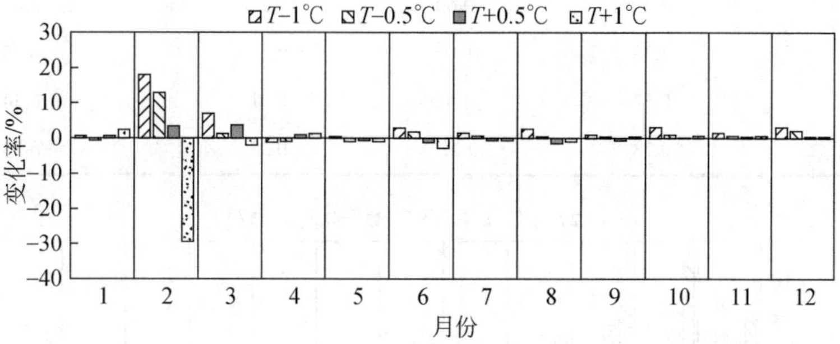

图 8.5　不同气温变化情景下张家山站月均径流变化率

4）华县站

不同气温变化情景下华县站的月平均径流变化量见表 8.6，采用式（8.1）计算得到该站在不同气温变化情景下月均径流变化率，如图 8.6 所示。从变化量来看：温度降低/升高 0.5℃时，各月径流变化量不大，均在 1 亿 m³以下；温度降低1℃时，2 月径流变化量最大，径流增加 1.88 亿 m³；温度升高 1℃时，9 月径流变化量最大，径流减小 2.82 亿 m³。从响应关系来看：除 2 月、6 月径流与气温呈负相关关系外，其他各月径流与气温变化的响应关系不稳定。从响应程度来看：1～3 月径流对气温变化敏感度较高，4～12 月径流对气温变化敏感度不高，尤其 7～11 月径流最不敏感，变化幅度均在 1%以下。1～3 月径流对气温变化的响应程度各不相同，气温降低 1℃/0.5℃时，2 月径流响应程度最高，径流增加 13%/6%；气温升高 0.5℃时，1 月径流响应程度最高，径流增加 3.5%；气温升高 1℃时，2月径流响应程度最高，径流减少 15%。

表 8.6　不同气温变化情景下华县站月均径流变化量　　　（单位：亿 m³）

月份	径流变化量			
	$T-1℃$	$T-0.5℃$	$T+0.5℃$	$T+1℃$
1	1.12	0.33	0.47	0.14
2	1.86	0.84	-0.22	-2.06
3	0.82	0.51	0.03	-0.52
4	0.36	0.16	0.20	-0.20
5	0.35	0.39	-0.09	-0.16

续表

月份	径流变化量			
	$T-1℃$	$T-0.5℃$	$T+0.5℃$	$T+1℃$
6	0.70	0.65	-0.32	-0.62
7	0.55	-0.28	-0.35	-0.30
8	0.51	-0.57	0.29	1.59
9	-0.81	-0.60	-1.90	-2.82
10	1.26	0.01	0.25	-0.36
11	0.52	-0.08	0.21	-0.34
12	0.78	0.21	0.33	-0.34

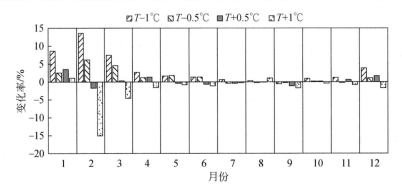

图 8.6　不同气温变化情景下华县站月均径流变化率

5）状头站

不同气温变化情景下状头站月均径流变化量见表 8.7，采用式（8.1）计算得到该站在不同气温变化情景下月均径流变化率，如图 8.7 所示。从变化量来看：不同气温变化情景下，各月径流变化量均不大。从响应关系来看：除 4～6 月外，其他各月径流与气温呈正相关关系。从响应程度来看：温度降低时，1～3 月及 11～12 月径流对气温敏感度较高，其中 2 月径流响应程度最高，径流减少幅度为 6%～8%；温度升高时，6、10、11 月径流对气温的响应程度较高，径流增加幅度约为 2%，其他各月对气温变化不敏感，径流变化幅度均在 1%以下。

表 8.7　不同气温变化情景下状头站月均径流变化量　　　　（单位：亿 m³）

月份	径流变化量			
	$T-1℃$	$T-0.5℃$	$T+0.5℃$	$T+1℃$
1	-0.13	-0.06	0.00	0.02
2	-0.09	-0.07	-0.01	0.02
3	-0.06	-0.04	0.01	0.00
4	-0.03	-0.02	0.00	-0.01

续表

月份	径流变化量			
	$T-1℃$	$T-0.5℃$	$T+0.5℃$	$T+1℃$
5	−0.02	−0.01	−0.02	−0.04
6	0.02	0.03	−0.07	−0.13
7	−0.05	−0.02	0.01	0.01
8	−0.16	−0.08	0.06	0.09
9	−0.25	−0.17	0.24	0.34
10	−0.48	−0.26	0.29	0.54
11	−0.40	−0.22	0.12	0.25
12	−0.22	−0.11	0.02	0.06

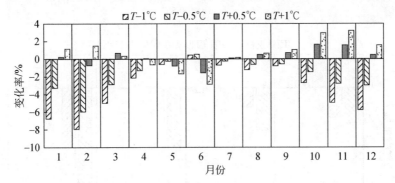

图 8.7　不同气温变化情景下状头站月均径流变化率

6）空间响应特征

为了更好地反映渭河流域径流对气温变化在空间上的响应程度，本章在月均径流变化率基础上，对不同气温变化情景下林家村站、咸阳站、华县站、张家山站和状头站五个水文站的季平均径流变化率进行统计，如图 8.8 所示。其中，春季为 3～

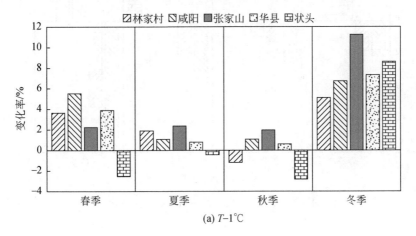

(a) $T-1℃$

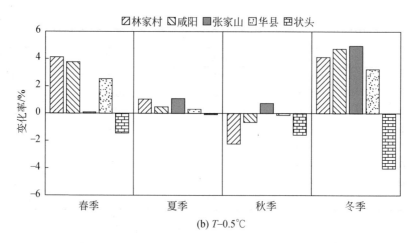

(b) $T-0.5℃$

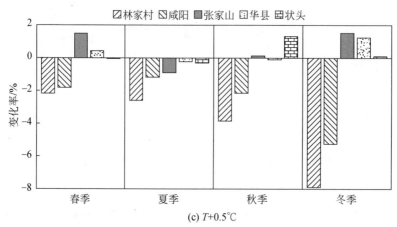

(c) $T+0.5℃$

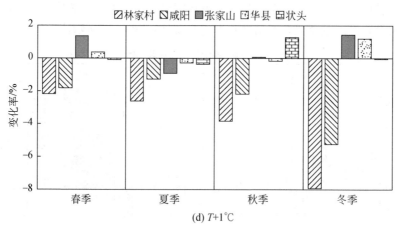

(d) $T+1℃$

图 8.8 不同气温变化情景下各站季平均径流变化率

5 月份，夏季为 6~8 月份，秋季为 9~11 月份，冬季为 12~翌年 2 月份。

可以看出，当气温降低时，各站径流整体响应程度为春季和冬季较大，夏季和秋季较小。当气温升高时，各站径流整体响应程度秋季和冬季较大，春季和夏季较小。因此，只分析各站径流对气候变化较敏感季节在空间上的响应程度。T-1℃情景下，春季径流：除状头站与气温呈正相关关系外，其余各站与气温呈负相关关系，响应程度干流大于支流，干流上，径流增幅咸阳份最大，林家村站和华县站持衡，支流上，张家山站径流增幅与状头站流减幅持衡；冬季径流：各站与气温均呈负相关关系，响应程度支流大于干流，干流上，径流增幅上游小于下游，支流上，径流增幅张家山站大于状头站。T-0.5℃情景下，春季和冬季径流除状头站与气温呈正相关关系以外，其余各站均与气温呈负相关关系；春季径流：响应程度干流大于支流，干流上，径流增幅上游大于下游，支流上，张家山站径流增幅小于状头站径流减幅；冬季径流：响应程度支流与干流持衡，干流上，径流增幅咸阳站＞林家村站＞华县站，支流上，张家山站径流增幅小于状头站径流减幅。T+0.5℃情景下，秋季径流：除干流各站与气温呈负相关关系外，支流上其余各站与气温均呈正相关关系，响应程度干流大于支流，干流上，径流减小幅度上游大于下游，支流上，径流增幅张家山站小于状头站；冬季径流：林家村站和咸阳站与气温均呈负相关关系，其余各站与气温呈正相关关系，响应程度干流大于支流，干流上，径流变幅上游小于下游，支流上，径流增幅张家山站大于状头站。T+1℃情景下，秋季径流：干流各站与气温呈负相关关系外，支流各站与气温呈正相关关系，响应程度干流大于支流，干流上，径流减幅上游大于下游，支流上，径流增幅张家山站小于状头站；冬季径流：除状头站与气温呈正相关关系外，其余各站与气温呈负相关关系，响应程度干流大于支流，干流上，径流减幅上游大于下游，支流上，张家山站径流减幅大于状头站径流增幅。

2. 降水变化情景下的年内径流响应过程

1）林家村站

林家村站在不同降水变化情景下的月均径流变化量见表 8.8，采用式（8.1）计算得到该站在不同降水变化情景下月均径流变化率，如图 8.9 所示。可以看出，各月径流对降水变化的响应关系一致，均与降水呈正相关关系；不同降水变化情景下，径流变化量各月规律一致，均为 8~10 月变化量较大，但响应程度各月不尽相同。P（1-10%）情景下：5 月、6 月和 7 月径流响应程度较高，减小幅度约为 40%，其他各月减小幅度为 20%~30%。P（1-5%）和 P（1+5%）情景下：各月响应程度相差不大；降水减小 5%时，各月径流减小幅度为 14%~17%，降水增加 5%时，各月径流增加幅度为 17%~22%。P（1+10%）情景下：1 月和 12 月径流响应程度最高，增加幅度约为 65%，其次是 2 月、3 月和 11 月径流，增加幅度为 45%～50%，其他月份径流减少幅度为 15%～25%。但总的来看，各月径流对降水增加的响应程度大于其对降水减少的响应程度。

表 8.8　不同降水变化情景下林家村站月均径流变化量 （单位：亿 m³）

月份	径流变化量			
	P（1-10%）	P（1-5%）	P（1+5%）	P（1+10%）
1	-0.84	-0.55	0.22	2.12
2	-0.69	-0.39	0.53	1.37
3	-0.59	-0.29	0.39	0.94
4	-1.16	-0.51	0.62	0.74
5	-1.83	-0.71	0.88	1.05
6	-3.61	-1.44	1.82	1.96
7	-6.58	-2.47	3.29	4.38
8	-10.90	-4.25	5.59	7.55
9	-12.76	-5.39	6.18	8.34
10	-10.32	-4.23	5.47	10.16
11	-3.49	-1.74	2.49	6.64
12	-1.42	-0.90	1.23	3.64

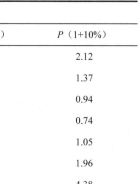

图 8.9　不同降水变化情景下林家村站月均径流变化率

2）咸阳站

咸阳站在不同降水变化情景下的月均径流变化量见表 8.9，采用式（8.1）计算得到该站在不同降水变化情景下月均径流变化率，如图 8.10 所示。可以看出，各月径流对降水变化的响应关系一致，均与降水呈正相关关系；不同降水变化情景下，径流变化量各月规律一致，均为 8～10 月变化量最大，降水平均每增加/减少10%，月径流平均增加/减少约为 10 亿 m³，但响应程度各月不尽相同。P（1-10%）

情景下：1 月、2 月、11 月和 12 月径流响应程度较高，减少幅度约为 30%，其他各月减少幅度为 20%~25%。P（1-5%）和 P（1+5%）情景下：各月响应程度相差不大；降水减少 5% 时，各月径流减少幅度为 12%~16%，降水增加 5% 时，各月径流增加幅度为 14%~19%。P（1+10%）情景下：1 月、2 月、3 月、11 月和 12 月径流响应程度较高，增加幅度为 40%~50%，其他月份径流减少幅度为 25%~30%。但总的来看，各月径流对降水增加的响应程度大于其对降水减少的响应程度。

表 8.9 不同降水变化情景下咸阳站月均径流变化量 （单位：亿 m³）

月份	径流变化量			
	P（1-10%）	P（1-5%）	P（1+5%）	P（1+10%）
1	-1.67	-0.91	1.05	2.98
2	-1.40	-0.79	0.90	2.14
3	-1.07	-0.66	0.82	1.90
4	-1.59	0.94	1.09	1.89
5	-2.36	-1.34	1.58	2.66
6	-4.73	-2.66	3.12	4.89
7	-10.44	-5.42	6.38	10.58
8	-20.22	-10.65	12.54	22.03
9	-20.72	-10.04	11.24	18.83
10	-17.58	-8.10	9.33	17.15
11	-6.60	-2.91	3.86	9.29
12	-3.06	-1.57	1.95	5.07

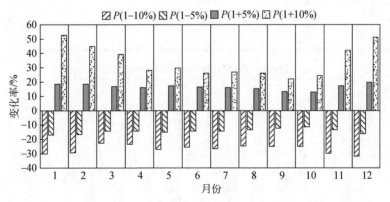

图 8.10 不同降水变化情景下咸阳站月均径流变化率

3）张家山站

张家山站在不同降水变化情景下的月均径流变化量见表 8.10，采用式（8.1）

计算得到该站在不同降水变化情景下月均径流变化率，如图 8.11 所示。可以看出，各月径流对降水变化的响应关系一致，均与降水呈正相关关系；不同降水变化情景下，径流变化量各月规律一致，均为 7～10 月变化量最大，但响应程度各月不尽相同。P（1-10%）和 P（1+5%）情景下：各月径流响应程度相差不大；降水减少 10% 时，各月径流减少为 18%～22%，降水增加 5% 时，各月径流增加 10%～14%。P（1-5%）情景下：3～10 月径流响应程度较大，径流减少幅度为 10%，1 月、2 月、11 月和 12 月径流响应程度较低，减少幅度均在 5% 以下。P（1+10%）情景下：1 月、2 月、3 月、11 月和 12 月径流响应程度较高，增加幅度为 40%～50%，其他月份径流减少幅度为 25%～30%。但总的来看，各月径流对降水增加的响应程度大于其对降水减少的响应程度。

表 8.10　不同降水变化情景下张家山站月均径流变化量　　（单位：亿 m³）

月份	径流变化量			
	P（1-10%）	P（1-5%）	P（1+5%）	P（1+10%）
1	-0.10	-1.67	0.40	0.58
2	-0.18	-1.40	0.43	0.94
3	-0.19	-1.07	0.23	0.39
4	-0.51	-1.59	0.54	1.23
5	-0.72	-2.36	0.59	1.13
6	-1.67	-4.73	1.84	4.32
7	-5.23	-10.44	4.89	10.18
8	-4.68	-20.22	5.38	12.38
9	-5.07	-20.72	3.54	9.93
10	-3.14	-17.58	3.30	5.95
11	-0.88	-6.60	1.34	2.07
12	-0.25	-3.06	0.63	0.88

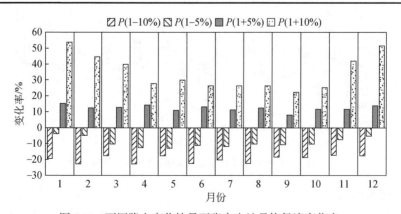

图 8.11　不同降水变化情景下张家山站月均径流变化率

4）华县站

华县站在不同降水变化情景下的月均径流变化量见表 8.11，采用式（8.1）计算得到该站在不同降水变化情景下月均径流变化率，如图 8.12 所示。可以看出，各月径流对降水变化的响应关系一致，均与降水呈正相关关系；不同降水变化情景下，径流变化量各月规律一致，均为 7～10 月变化量最大，但响应程度各月不尽相同。P（1-10%）、P（1-5%）和 P（1+5%）情景下：各月径流响应程度相差不大，降水减少 10%时，各月径流减少 21%～24%；降水减少 5%时，各月径流减少 10%～15%；降水增加 5%时，各月径流增加 12%～15%。P（1+10%）情景下：1 月、2 月和 12 月径流响应程度较高，增加幅度为 35%～38%，其他月份径流增加幅度为 20%～30%。但总的来看，各月径流对降水增加的响应程度大于其对降水减少的响应程度。

表 8.11　不同降水变化情景下华县站月均径流变化量　（单位：亿 m³）

月份	径流变化量			
	P（1-10%）	P（1-5%）	P（1+5%）	P（1+10%）
1	-2.94	-1.49	2.06	4.66
2	-3.44	-2.19	2.19	4.70
3	-2.35	-1.43	1.59	3.38
4	-3.27	-1.81	2.07	4.15
5	-4.91	-3.13	3.06	5.79
6	-11.95	-7.21	7.03	13.81
7	-26.07	-17.96	14.77	28.59
8	-37.91	-24.14	22.14	43.76
9	-38.66	-29.72	17.27	37.00
10	-28.26	-20.19	15.73	29.37
11	-9.82	-4.71	5.98	12.61
12	-4.62	-2.16	3.28	7.95

5）状头站

状头站在不同降水变化情景下的月均径流变化量见表 8.12，采用式（8.1）计算得到该站在不同降水变化情景下月均径流变化率，如图 8.13 所示。可以看出，各月径流对降水变化的响应关系一致，均与降水呈正相关关系；不同降水变化情景下，径流变化量各月规律一致，均为 8～10 月变化量最大，但响应程度各月不尽相同。P（1-10%）和 P（1-5%）情景下：各月径流响应程度相差不大，降水减少 10%时，径流减少 15%～20%；降水减少 5%时，径流减少 5%～10%。P（1+5%）情景下：1 月和 2 月径流响应程度较高，径流增加幅度为 15%，其他各月径流增

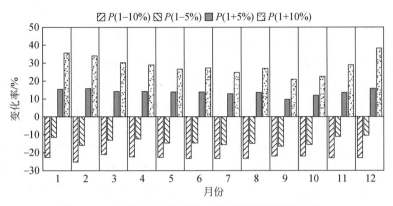

图 8.12　不同降水变化情景下华县站月均径流变化率

加幅度为 5%～10%。P（1+10%）情景下：6～8 月径流响应程度较高，增加幅度为 28%，4 月、5 月和 9 月径流响应程度最低，增加幅度约为 15%。但总的来看，各月径流对降水增加的响应程度大于其对降水减少的响应程度。

表 8.12　不同降水变化情景下状头站月均径流变化量　（单位：亿 m³）

月份	径流变化量			
	P（1-10%）	P（1-5%）	P（1+5%）	P（1+10%）
1	-0.36	-0.18	0.27	0.45
2	-0.24	-0.12	0.18	0.27
3	-0.22	-0.11	0.12	0.25
4	-0.25	-0.13	0.09	0.28
5	-0.41	-0.21	0.09	0.50
6	-1.01	-0.54	0.44	1.41
7	-1.80	-0.95	0.70	2.41
8	-2.82	-1.50	1.05	3.63
9	-6.01	-3.07	2.46	4.95
10	-3.42	-1.76	1.19	4.14
11	-1.52	-0.79	0.62	1.88
12	-0.74	-0.38	0.41	0.96

6）空间响应特征

为了更好地反映渭河流域径流对降水变化在空间上的响应程度，在月平均径流变化率的基础上，对不同降水变化情景下林家村站、咸阳站、华县站、张家山站和状头站五个水文站的季平均径流变化率进行统计，如图 8.14 所示。其中，春季为 3～5 月份，夏季为 6～8 月份，秋季为 9～11 月份、冬季为 12～翌年 2 月份。

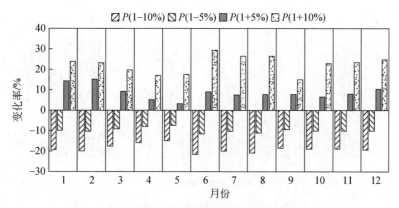

图 8.13　不同降水变化情景下状头站月均径流变化率

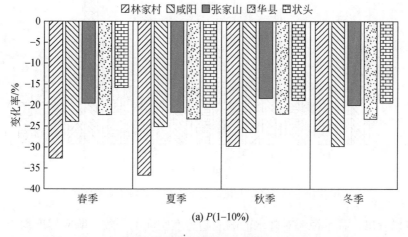

(a) P(1−10%)

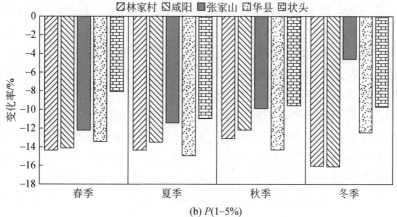

(b) P(1−5%)

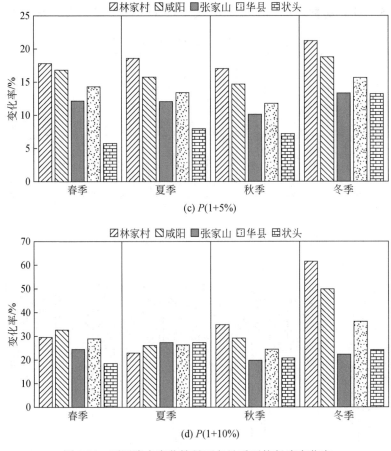

图 8.14　不同降水变化情景下各站季平均径流变化率

可以看出，各季径流对降水的响应趋势在空间上一致，响应程度均为干流大于支流，并且均与降水呈正相关关系。P（1-10%）和 P（1+5%）情景下：干流上，春季、夏季和秋季径流的响应程度上游大于下游，支流上，张家山站大于状头站；冬季径流的响应程度在支流上差别均不大，但在干流上，降水增加 5%时，径流增幅上游大于下游，降水减少 10%时，径流减幅咸阳站＞林家村站＞华县站。P（1-5%）情景下：春季径流的响应程度在干流上差别不大，支流上张家山站大于状头站；夏季和秋季径流的响应程度在支流上的差别不大，在干流上华县站＞林家村站＞咸阳站；冬季径流的响应程度在干流上林家村站和咸阳站差异不大，但都大于华县站，支流上，张家山站小于状头站。P（1+10%）情景下：春季径流的响应程度在干流上林家村站和华县站差异不大，但都小于咸阳站，支流上张家山站大于状头站；夏季径流在空间上的响应程度差异不大；秋季和冬季径流的响应程度在支流上的差别不大，在干流上游大于下游。

8.3　土地利用变化情景设置

8.3.1　不同土地利用类型构成

1. 1985 年土地利用类型构成

1985 年渭河流域不同土地利用类型面积大小排序为：耕地＞低覆盖草地＞有林地＞灌木林＞高覆盖草地＞农村居民用地＞水域＞城镇用地＞裸地＞建设用地，如图 8.15 和图 8.16 所示。耕地为最主要的土地利用方式，面积为 60250km²，占总面积的 44.91%；其次为低覆盖草地利用类型，面积为 42968km²，占总面积的 32.03%，两者之和达到总面积的 76.94%。其余土地利用方式所占面积比例较小，其中有林地面积占 9.24%，灌木林面积占 6.54%，高覆盖草地面积占 4.52%，农村居民用地面积占 1.63%，水域面积占 0.62%，城镇用地面积占 0.31%，裸地面积占 0.15%，建设用地面积占 0.05%。

图 8.15　1985 年渭河流域土地利用类型图

2. 1995 年土地利用类型构成

1995 年渭河流域各土地利用类型面积大小为：耕地＞低覆盖草地＞有林地＞灌木林＞高覆盖草地＞城镇用地＞水域＞农村居民用地＞裸地＞建设用地，如

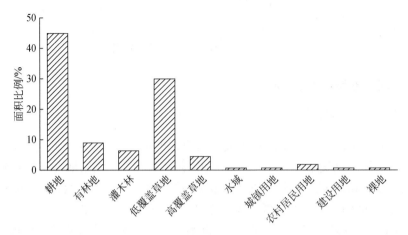

图 8.16　1985 年渭河流域土地利用方式面积比例图

图 8.17 和图 8.18 所示。耕地为最主要的土地利用方式，面积为 65962km^2，占总面积的 49.16%；其次为低覆盖草地利用类型，面积为 42428km^2，占总面积的 31.62%，两者之和达到总面积的 80.78%。其余土地利用方式所占面积比例较小，其中有林地面积占 8.21%，灌木林面积占 5.84%，高覆盖草地面积占 4.28%，农村居民用地面积占 0.12%，水域与城镇用地所占面积一样，均为 0.30%，裸地面积占 0.10%，建设用地面积占 0.06%。

图 8.17　1995 年渭河流域土地利用类型图

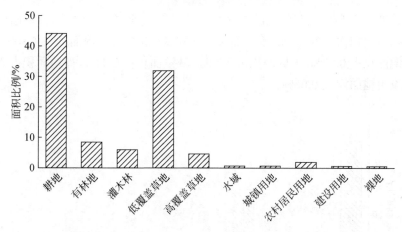

图 8.18　1995 年渭河流域土地利用方式面积比例图

3. 2005 年土地利用类型构成

2005 年渭河流域各土地利用类型面积大小为：耕地＞地覆盖草地＞有林地＞灌木林＞高覆盖草地＞城镇用地＞水域＞农村居民用地＞裸地＞建设用地，如图 8.19 和图 8.20 所示。耕地为最主要的土地利用方式，面积为 66399km^2，占总面积的 49.49%；其次为低覆盖草地利用类型，面积为 40499km^2，占总面积的

图 8.19　2005 年渭河流域土地利用类型图

30.18%，两者之和达到总面积的 79.67%。其余土地利用方式所占面积比例较小，其中有林地面积占 8.26%，灌木林面积占 6.30%，高覆盖草地面积占 4.80%，农村居民用地面积占 0.19%，水域面积占 0.22%，城镇面积占 0.44%，裸地面积占 0.07%，其他建设用地面积占 0.05%。

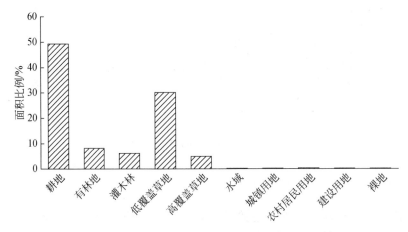

图 8.20　2005 年渭河流域土地利用方式面积比例图

4. 土地利用变化率

渭河流域主要的土地利用方式虽然为耕地、林地和草地，并且三者面积之和占流域总面积的 98% 以上，但土地利用变化率变化不明显。渭河流域不同时期土地利用类型的面积及面积变化率见表 8.13，渭河流域不同时期土地利用类型面积变化比例如图 8.21 所示。

表 8.13　渭河流域不同时期土地利用类型的面积及面积变化率

时间	项目	耕地	有林地	灌木林	高覆盖草地	低覆盖草地	水域	城镇用地	农村居民用地	建设用地	裸地
1985 年		60250	12399	8778	6062	42968	829	414	2186	69	204
1995 年	面积/km²	65962	11013	7839	5746	42428	401	407	163	76	137
2005 年		66399	11089	8449	6441	40499	300	587	249	69	91
1985～1995 年	面积变化率/%	9.48	-11.18	-10.70	-5.21	-1.26	-51.61	1.49	-92.54	10.11	-32.52
1995～2005 年		0.66	0.69	7.22	10.78	-4.76	-33.91	30.64	34.45	-9.92	-51.82

从表 8.13 中可以看出，1995 年耕地面积比 1985 年增加了 9.48%，林地和草地面积均有所减少，其中林地减少的比例更为明显。林地类型中，有林地和灌木

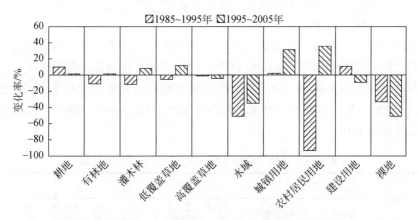

图 8.21　渭河流域不同时期土地利用类型面积变化比例

林面积分别减少了 11.18%和 10.70%；草地类型中，高覆盖草地和低覆盖草地面积分别减少了 5.21%和 1.26%。与 1995 年相比，2005 年耕地、有林地、灌木林和高覆盖草地面积均有所增加，灌木林和高覆盖草地增加速度较快，分别为 7.22%和10.78%；耕地和有林地增加速度较缓慢，分别为 0.66%和 0.69%；低覆盖草地面积减少了 4.76%。其余几种土地利用类型所占面积较小，但土地利用变化率变化剧烈。

　　1995 年与 1985 年相比，农村居民用地、水域和裸地均大面积减少，减少比例达到 92.54%、51.61%和 32.52%。建设用地和城镇用地分别增加了 10.11%和1.49%。2005 年与 1995 年相比，水域、裸地和建设用地分别减少了 33.91%、51.82%和 9.92%，城镇用地和农村居民用地增加了 30.64%和 34.45%。

8.3.2　土地利用转移矩阵

　　土地利用转移矩阵是土地利用类型相互转换关系的定量描述，用于分析土地利用类型的内在变化过程以及转换趋势，不仅包含了一定时期内土地利用方式的静态信息，而且包含了更为丰富的各类土地利用在时期初和末的动态转换信息。土地利用转移矩阵的通用形式见表 8.14。

表 8.14　土地利用转移矩阵（司海松，2017）

T_1-T_2	A_1	A_2	…	A_n
A_1	P_{11}	P_{12}	…	P_{1n}
A_2	P_{21}	P_{22}	…	P_{2n}
…	…	…		…
A_n	P_{n1}	P_{n2}	…	P_{nn}

　　表 8.14 中，T_1 和 T_2 时刻分别表示时段初及时段末；P_{ij} 表该时段内由 i 土地利用形式转换为 j 土地利用形式的面积或百分比；P_{ii} 表示该时段内 i 土地利用形式

保持不变的面积或百分比。

采用 ArcGIS 软件分析计算土地利用类型的空间转移面积，将时段初和时段末两期土地利用类型图在 ArcGIS 软件中进行空间矢量叠加，得到时段内土地利用类型的空间矢量变化图，进而提取出流域土地利用类型的空间变化属性值。渭河流域 1985～1995 年的土地利用转移矩阵见表 8.15，1995～2005 年的土地利用转移矩阵见表 8.16。

表 8.15　1985～1995 年渭河流域土地利用转移矩阵

土地类型	面积/km²									
	耕地	有林地	灌木林	高覆盖草地	低覆盖草地	水域	城镇用地	农村居民用地	建设用地	裸地
耕地	44421	683	963	643	13065	205	117	102	32	20
有林地	1385	7145	1189	935	1695	14	11	7	8	10
灌木林	1194	949	4064	721	1835	6	1	0	2	6
高覆盖草地	622	1160	588	2827	856	5	2	1	0	3
低覆盖草地	15730	974	998	599	24543	35	19	12	10	48
水域	483	23	19	11	148	122	7	4	4	7
城镇用地	141	5	2	1	19	3	240	2	1	0
农村居民用地	1874	23	8	8	218	9	9	33	3	1
建设用地	42	1	1	1	5	1	2	2	15	0
裸地	63	45	7	2	42	1	0	0	0	43

土地类型	面积变化率/%									
	耕地	有林地	灌木林	高覆盖草地	低覆盖草地	水域	城镇用地	农村居民用地	建设用地	裸地
耕地	74	1	2	1	22	0	0	0	0	0
有林地	11	58	10	8	14	0	0	0	0	0
灌木林	14	11	46	8	21	0	0	0	0	0
高覆盖草地	10	19	10	47	14	0	0	0	0	0
低覆盖草地	37	2	2	1	57	0	0	0	0	0
水域	58	3	2	1	18	15	1	1	1	1
城镇用地	34	1	0	0	5	1	58	0	0	0
农村居民用地	86	1	0	0	10	0	0	1	0	0
建设用地	61	1	1	1	7	1	2	3	22	0
裸地	31	22	3	1	21	0	0	0	0	21

表 8.16　1995～2005 年渭河流域土地利用转移矩阵

土地类型	面积/km²									
	耕地	有林地	灌木林	高覆盖草地	低覆盖草地	水域	城镇用地	农村居民用地	建设用地	裸地
耕地	53661	594	880	643	9547	143	252	189	37	14
有林地	527	7627	936	984	900	9	8	2	3	17
灌木林	724	902	4782	554	861	6	3	2	1	5
高覆盖草地	496	839	525	3333	548	1	1	1	0	2
低覆盖草地	10451	1086	1310	917	28552	45	18	28	5	15
水域	265	8	7	3	25	85	3	2	3	1
城镇用地	102	6	0	1	11	0	283	4	0	0
农村居民用地	106	3	1	1	11	1	16	20	3	0
建设用地	34	13	2	1	3	2	3	0	13	0
裸地	33	11	5	3	42	7	0	0	0	37

土地类型	面积变化率/%									
	耕地	有林地	灌木林	高覆盖草地	低覆盖草地	水域	城镇用地	农村居民用地	建设用地	裸地
耕地	81	1	1	1	14	0	0	0	0	0
有林地	5	69	9	9	8	0	0	0	0	0
灌木林	9	12	61	7	11	0	0	0	0	0
高覆盖草地	9	15	9	58	10	0	0	0	0	0
低覆盖草地	25	3	3	2	67	0	0	0	0	0
水域	66	2	2	1	6	21	1	0	1	0
城镇用地	25	2	0	0	3	0	69	1	0	0
农村居民用地	65	2	1	1	6	1	10	13	2	0
建设用地	45	17	3	2	4	3	4	1	21	0
裸地	24	8	5	2	31	5	0	0	0	27

渭河流域 1985～1995 年的土地利用转移矩阵结果表明，耕地、林地和草地相互之间的转移频率较高。其中，耕地主要转化为低覆盖草地，转移比例为 22%，转移面积为 13065km²。有林地主要转化为耕地和低覆盖草地，转移比例分别为 11% 和 14%，转移面积分别为 1385km² 和 1695km²。灌木林主要转化为耕地、有林地和低覆盖草地，转移比例分别为 14%、11% 和 21%，转移面积分别为 1194km²、949km² 和 1835km²。高覆盖草地主要转化为有林地和低覆盖草地，转移比例分别为 19% 和 14%，转移面积分别为 1160km² 和 856km²。低覆盖草地主要转化为耕地，转移比例为 37%，转移面积为 15730km²。水域、城镇用地、农村居民用地、建设用地和裸地的转移趋势大致相同，主要转化为耕地类型，其中，以农村居民用地转移趋势最为明显，转移比例高达 86%，转移面积为 1874km²；水域转移比例为 58%，转移面积为 483km²；城镇用地转移比例为 34%，转移面积为 141km²；建

设用地转移比例为 61%，转移面积为 42km^2；裸地转移比例为 31%，转移面积为 63km^2；除此之外，水域和裸地还主要转化成了低覆盖草地，转移比例分别为 18% 和 21%，转移面积分别为 148km^2 和 42km^2。

由表 8.15 和表 8.16 可以看出，渭河流域 1995～2005 年的土地利用转移趋势与 1985～1995 年的转移趋势大致相同，依旧是耕地、林地和草地之间的相互转移频率较高，但转移比例有所下降。其中，耕地主要转化为低覆盖草地，转移比例均为 14%，转移面积为 9547km^2。有林地主要转化为灌木林和高覆盖草地，转移比例均为 9%，转移面积分别为 936km^2 和 984km^2。灌木林主要转化为有林地和低覆盖草地，转移比例分别为 12% 和 11%，转移面积分别为 902km^2 和 861km^2。高覆盖草地主要转化为有林地和低覆盖草地，转移比例分别为 15% 和 10%，转移面积分别为 839km^2 和 548km^2。低覆盖草地主要转化为耕地，转移比例为 25%，转移面积 10451km^2。水域、城镇用地、农村居民用地、建设用地和裸地的转移趋势大致相同，都主要转化为耕地类型。其中，水域和农村居民用地转移趋势最为明显，转移比例分别为 66% 和 65%，转移面积分别为 265km^2 和 106km^2；城镇用地转移比例为 25%，转移面积为 102km^2；建设用地转移比例为 45%，转移面积为 34km^2；裸地转移比例为 24%，转移面积为 33km^2；除此之外，农村居民用地还主要向城镇用地转移了 10%，转移面积为 16km^2；裸地还主要转化成了低覆盖草地，转移比例 31%，转移面积分别为 148km^2 和 42km^2。

8.3.3　土地利用变化驱动力分析

从土地利用类型变化情况及土地利用转移矩阵来看，渭河流域土地利用方式发生了显著性变化，主要表现为耕地和城镇用地面积呈增加趋势；林地、低覆盖草地、农村居民用地、水域和裸地面积呈减少趋势；灌木林、高覆盖草地和建设用地面积呈先减少后增加的趋势。流域土地利用或覆被变化是自然因素和社会因素共同作用的结果。自然因素是流域内土地利用或覆被变化的客观条件和物质基础，主要包括气候、地形、坡度、环境变化和自然灾害等驱动因子，但其变化过程缓慢。因此，在短时期内只能在微观上影响着土地利用类型及分布格局。社会因素主要包括人口增长、经济增长、政策因素和土地利用者主体行为等驱动因子，其引起的流域下垫面变化是流域土地利用类型在短时期内发生剧烈变化的主要原因。

人口增长与社会经济的发展加速了城市化进程。21 世纪 00 年代以来，城市人口剧增，城镇化率高达 54.02%。研究结果显示流域城镇用地面积呈上升趋势，尤其是 1995～2005 年，城镇居民用地猛增 30.64%，反映出人口增长对流域土地格局分布变化的驱动作用。另外，大量农村人口涌进经济发达的城镇地区，人口流动是农村居民用地面积大幅度减少的主要原因，1985～1995 年，农村居民用地面积减少率达到了 92%，这说明区域内经济发展不平衡将导致人口流动，进而引起流域土地利用类型发生剧烈变化。

政策因素是引起流域土地利用类型在短时期内发生变化的主要驱动力之一。20 世纪 80 年代末，随着农村土地联产承包责任制的大力推行，流域森林被砍伐，大面积草地、河滩和荒地等被围垦成农田，这是渭河流域在 1985～1995 年耕地面积增加，林地、草地及裸地面积减少的主要原因。而水土保持措施是渭河流域在 1995～2005 年土地利用方式变化的主要政策驱动力，自 1991 年正式颁布《水土保持法》后，渭河流域水土流失治理各项工作在 90 年代后期陆续进入正轨，大量水保治理措施（生态措施、工程措施）的实施使得流域土地利用类型发生了变化。渭河流域推出的生态修复政策，对流域内灌木林和高覆盖草地的恢复起到了积极的推动作用，并取得了显著成效。研究期间内，耕地大面积转化为草地，有林地转化为灌木林和高覆盖草地。

8.3.4　土地利用变化情景设置

流域土地利用变化受到自然因素和人类活动等方面的影响。因此，设置土地利用变化情景时，需综合考虑自然与社会经济特点，定量分析土地利用变化对流域水文过程的影响。目前，设置土地利用变化情景的方法大致有以下三种。

（1）历史反演法：以历史某特定时期内的土地利用数据为基础，预测历史另一特定时期内的水文循环过程。该方法不考虑模拟时间段内人类活动的影响，直接将历史土地利用数据代入模型中进行水文模拟分析。例如，于静（2008）将 1980 年的土地利用数据直接代入集总式水文模型，模拟了海河流域支流大清河水系 20 世纪 90 年代后场降水洪水对径流响应的过程。

（2）模型预测法：该方法首先对研究区土地利用变化的驱动力进行分析，然后借助相关模型直接预测流域未来土地利用的变化趋势。目前运用较多的土地利用预测模型有系统动力学模型、元细胞自动机模型及 CLUE 模型等。

（3）极端土地利用法：该方法主要用于分析单一土地利用类型对流域水文循环的影响。假定研究区域在某特定时期内只含有一种土地利用类型，代入水文模型中，模拟分析该类土地利用的水文响应，从而确定其在水文循环过程中所起的作用。

由渭河流域土地利用变化特征分析知，流域土地利用类型主要为耕地、林地和草地。因此，本书结合流域实际情况，采用极端土地利用法设置了五种土地利用变化情景，定量分析耕地、灌木林、有林地、高覆盖草地及低覆盖草地相互转化对流域径流的影响程度，如图 8.22 所示。

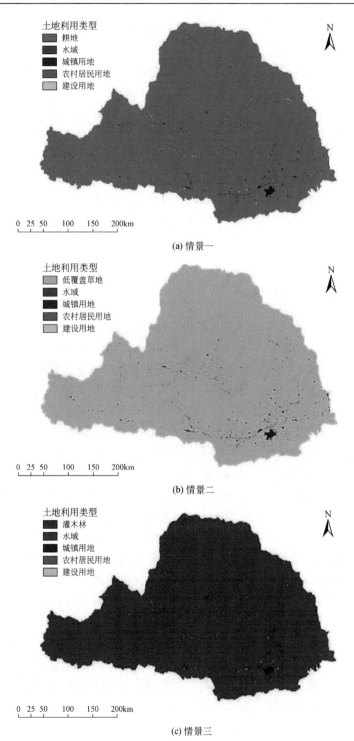

(a) 情景一

(b) 情景二

(c) 情景三

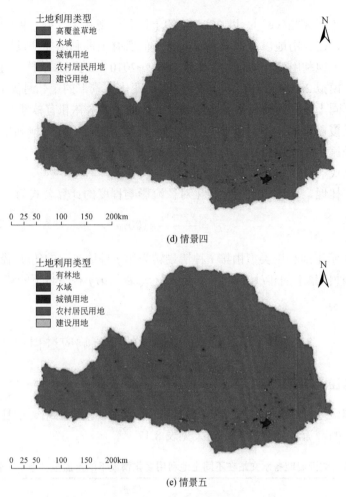

图 8.22 土地利用变化情景图

情景一 [图 8.22（a）]：以 2005 年的土地利用现状为基础，保持流域内的农村居民用地、建设用地以及水域不变，将其他所有土地利用类型设置为耕地。

情景二 [图 8.22（b）]：以 2005 年的土地利用现状为基础，保持流域内的农村居民用地、建设用地以及水域不变，将其他所有土地利用类型设置为低覆盖草地。

情景三 [图 8.22（c）]：以 2005 年的土地利用现状为基础，保持流域内的农村居民用地、建设用地以及水域不变，将其他所有土地利用类型设置为灌木林。

情景四 [图 8.22（d）]：以 2005 年的土地利用现状为基础，保持流域内的农村居民用地、建设用地以及水域不变，将其他所有土地利用类型设置为高覆盖草地。

　　情景五 [图 8.22 (e)]：以 2005 年的土地利用现状为基础，保持流域内的农村居民用地、建设用地以及水域不变，将其他所有土地利用类型设置为有林地。

　　在上述土地利用变化情景中，加载 2001～2010 年的气象数据，输入校准好的模型参数，模拟 2001～2010 年不同土地利用变化情景下的年、月流量变化过程。

　　由于不同土地利用变化情景中除耕地、林地（灌木林和有林地）、草地（高覆盖草地和低覆盖草地）不同之外，其他因素相同，因此不同土地利用变化情景下的年、月径流量差值仅由单一的耕地、林地或草地引起。径流（年、月）变化率计算公式见式（8.1）

　　耕地、林地、草地之间相互转化对径流影响程度的计算公式为

$$\eta_{ij} = \frac{y_j - y_i}{y_i} \times 100\% \qquad (8.2)$$

式中，η_{ij} 表示土地利用类型由第 i 种情景转为第 j 种情景下的年/月径流变化率；y_i 表示第 i 种情景下的年/月径流量，亿 m^3；y_j 表示第 j 种情景下的年/月径流量，亿 m^3。

8.4　土地利用变化情景下的径流响应过程

8.4.1　年均径流响应结果

　　对不同土地利用变化情景下林家村站、咸阳站、张家山站、华县站和状头站五个水文站的产流量进行模拟，结果见表 8.17。

表 8.17　渭河流域各水文站在不同土地利用变化情景下的产流量（单位：亿 m^3）

水文站	产流量				
	耕地	低覆盖草地	灌木林	高覆盖草地	有林地
林家村	14.31	13.93	13.07	10.52	9.78
咸阳	31.82	24.26	21.62	20.91	17.67
张家山	18.41	14.04	15.31	16.12	12.78
华县	56.81	47.59	46.26	48.31	39.08
状头	7.50	7.03	7.72	7.21	8.10

　　整体上看，除状头站外，其他各站在不同土地利用变化情景下的径流变化趋势一致，耕地产流量最大，其次为低覆盖草地、灌木林和高覆盖草地，且三种情景下的产流量差异不大，最后为有林地，产流量最小。而状头站有林地情景下的产流量最大，其次为低覆盖草地、灌木林和高覆盖草地，最后为耕地，但五种土地利用变化情景下的产流量差异均不大。

以耕地情景下的产流量为基准，采用式（8.2）计算耕地与有林地、灌木林、高覆盖草地、低覆盖草地之间相互转化在空间上对流域径流的影响程度，结果见表 8.18。

表 8.18　耕地转化为其他土地利用类型各水文站年均径流相对变化率（单位：%）

水文站	变化率			
	耕地-低覆盖草地	耕地-灌木林	耕地-高覆盖草地	耕地-有林地
林家村	-2.63	-8.61	-26.48	-31.65
咸阳	-23.74	-32.05	-34.29	-44.45
张家山	-23.74	-16.82	-12.42	-30.56
华县	-16.23	-18.58	-14.97	-31.21
状头	-6.27	2.93	-3.89	6.80

干流上：渭河中上游（林家村站和咸阳站）的径流变化趋势一致，产流量为耕地＞低覆盖草地＞灌木林＞高覆盖草地＞有林地，见图 8.23。相对于耕地而言，高覆盖草地和对径流的减小幅度最为明显，为 30%～40%，低覆盖草地和灌木林对咸阳站径流的减小幅度较明显，为 20%～30%，但对林家村站径流的减小幅度不明显，在 10%以内。

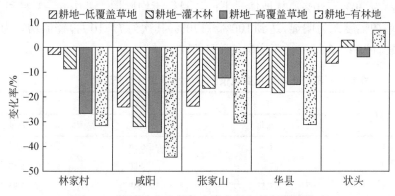

图 8.23　耕地转化为其他土类各站年均径流变化率

渭河下游（华县站）产流量为耕地＞高覆盖草地＞低覆盖草地＞灌木林＞有林地；相对于耕地而言，高覆盖草地、低覆盖草地和灌木林对径流的减小幅度较明显，为 15%～20%，有林地对径流的减小幅度更明显，约为 30%。支流上：张家山站和状头站径流对不同土地利用类型的响应程度不同，其中张家山站产流量为耕地＞高覆盖草地＞低覆盖草地＞灌木林＞有林地；相对于耕地而言，灌木林和高覆盖草地对径流的减小幅度小于低覆盖草地和有林地，前两类为 10%～15%，后两类为 20%～30%；状头站产流量为有林地＞灌木林＞耕地＞高覆盖草地＞低覆盖草地；如表 8.18 所示，相对于耕地而言，各类土地利用类型对径流的影响差异不大，均在 10%以内。

8.4.2　年内径流响应结果

由于各站月径流对不同土地利用类型的响应规律各不相同，响应关系极不稳定，因此本书将高覆盖草地和低覆盖草地归类为草地，灌木林和有林地归类为林地，分析耕地、林地和草地三大类土地利用方式相互转化时的各站年内径流的响应情况。其中，草地的产流量为高覆盖草地和低覆盖草地情景下径流的平均值，林地的产流量为灌木林和有林地情景下径流的平均值。

1. 林家村站

耕地、草地和林地情景下的月均产流量见表 8.19，采用式（8.2）计算得到不同土地利用类型情景下月均径流变化率，结果如图 8.24 所示。可以看出，4～9 月产流量为草地＞林地＞耕地，其他各月产流量为林地＞草地＞耕地。各月径流对不同土地利用类型的响应程度不尽相同，耕地情景下：1～3 月及 10～12 月径流减少，其中 1 月和 12 月径流减少幅度最为明显，约为 50%；4～9 月径流增加，但增加幅度均不明显，约为 10%。草地情景下：各月径流均增加，且径流增幅较为平均，为 30%～50%。林地情景下：各月径流均增加，其中 1～3 月和 11～12 月径流增加幅度尤为明显，达到 100%～170%，其次为 7～10 月，径流增幅为 40%～50%，最后为 4～6 月，径流增幅约为 30%。

表 8.19　不同土地利用变化情景下林家村站月均产流量　　　（单位：亿 m^3）

月份	产流量		
	耕地	草地	林地
1	1.60	6.58	8.02
2	2.04	4.80	5.59
3	1.57	3.49	3.93
4	4.37	5.75	5.45
5	4.39	6.22	5.85
6	10.09	12.41	10.14
7	20.35	29.48	22.95
8	37.82	57.96	46.76
9	45.45	69.20	62.79
10	31.49	57.39	58.00
11	7.91	26.65	28.39
12	2.79	13.12	15.27

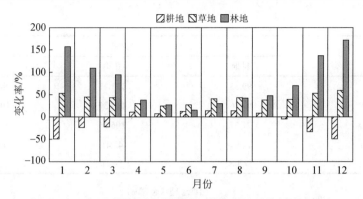

图 8.24　不同土地利用变化情景下林家村站月均径流变化率

2. 咸阳站

耕地、草地和林地情景下的月均产流量见表 8.20，采用式（8.2）计算得到不同土地利用情景下月均径流变化率，结果如图 8.25 所示。可以看出，1～3 月及 11～12 月的产流量为林地＞草地＞耕地，5～8 月的产流量为草地＞耕地＞林地，4 月、8 月、9 月的产流量为草地＞林地＞耕地。但各月径流对不同土地利用类型的响应程度不尽相同，耕地情景下：1～2 月及 10～12 月径流减少，其中以 1 月和 12 月径流的响应程度最高，减少幅度约为 55%；4～10 月径流增加，但响应程度均不高，增加幅度约为 10%。草地情景下：各月径流均增加，其中 1 月、11 月、12 月径流响应程度最高，增加幅度为 80%～90%，其次是 2～3 月及 8～10 月，径流增幅为 45%～65%，最后为 4～7 月，径流增幅约为 30%。林地情景下：7 月、8 月径流减少，但减幅不明显，约为 5%；其他各月径流均增加，其中 1 月和 12 月径流增加幅度尤为明显，达到 130%～140%，其次为 2 月、3 月、11 月，径流增幅为 70%～100%，最后为 4～5 月及 8～10 月，径流增幅为 10%～30%。

表 8.20　不同土地利用变化情景下咸阳站月均产流量　　（单位：亿 m^3）

月份	产流量		
	耕地	草地	林地
1	2.20	10.57	12.99
2	2.89	8.10	9.18
3	3.98	7.61	8.08
4	7.14	9.15	8.62
5	10.35	11.43	9.75
6	22.18	23.94	17.81
7	46.53	52.63	37.36

续表

月份	产流量		
	耕地	草地	林地
8	99.35	121.11	88.93
9	94.36	127.37	109.43
10	71.57	106.76	99.96
11	14.64	40.41	43.99
12	4.44	19.41	23.92

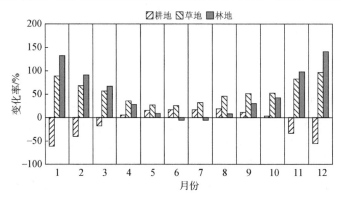

图 8.25　不同土地利用变化情景下咸阳站月均径流变化率

3. 张家山站

耕地、草地和林地情景下的月均产流量见表 8.21，采用式（8.2）计算得到不同土地利用情景下月均径流变化率，结果如图 8.26 所示。从产流量来看：1 月、3～10 月产流量为草地＞林地＞耕地，11～12 月产流量为林地＞草地＞耕地，2 月产流量为耕地＞草地＞林地。从响应方式来看，耕地情景下：5 月、9～12 月径流减少，但减幅不明显，为 5%～8%；1～4 月及 6～8 月径流增加。其中，以 2 月份的径流响应程度最高，增加幅度为 34%，其他月份径流增幅为 10%～20%。草地和林地情景下：各月径流均增加；当极端土地利用方式为草地时，11 月、12 月径流增加幅度尤为明显，达到 100%～110%，2 月响应程度最低，径流增加 20%；当极端土地利用方式为林地时，10～12 月增加幅度尤为明显，达到 100%～120%，2 月响应程度最低，径流仅增加了 5%。

表 8.21　不同土地利用变化情景下张家山站月均产流量（单位：亿 m³）

月份	产流量		
	耕地	草地	林地
1	3.23	4.66	4.64

续表

月份	产流量		
	耕地	草地	林地
2	4.69	4.23	3.66
3	1.87	3.21	2.98
4	4.40	6.03	5.31
5	4.99	8.84	7.99
6	16.60	21.33	16.30
7	49.87	72.52	60.45
8	48.28	70.53	61.01
9	43.40	82.33	80.63
10	26.83	53.58	57.63
11	10.78	23.12	24.51
12	4.72	10.06	10.55

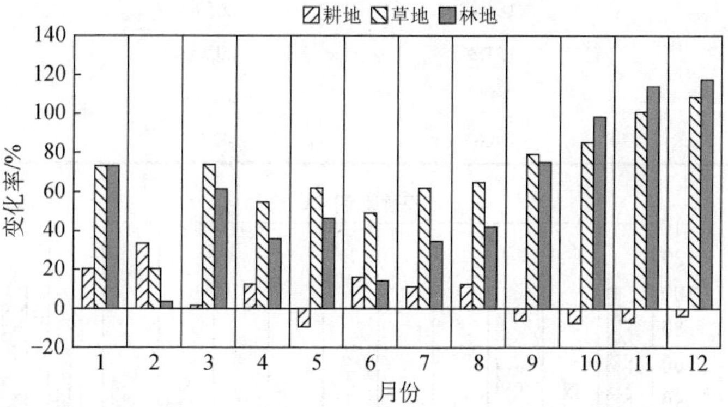

图 8.26　不同土地利用变化情景下张家山站月均径流变化率

4. 华县站

　　耕地、草地和林地情景下的月均产流量见表 8.22，采用式（8.2）计算得到不同土地利用情景下月均径流变化率，结果如图 8.27 所示。从产流量来看：1～3 月、11～12 月产流量为林地＞草地＞耕地，4 月、5 月、8 月、9 月产流量为草地＞林地＞耕地，6～8 月产流量为草地＞耕地＞林地。从响应方式来看，耕地情景下：4～10 月径流增加，但增幅不明显，均在 15%以下；其他各月径流减少，其中以 1 月、12 月径流响应程度最高，减少幅度约为 25%。草地情景下：各月径流均增加，其中 1 月、11 月、12 月响应程度最高，径流增幅为 85%～100%，6 月响应程度最低，径流增加 20%，其他各月径流增幅为 35%～60%。林地情景下：除 6 月径流减少外，其他各月径流增加；1 月、11 月、12 月响应程度最高，径流增幅达到 100%～120%，6～8 月响应程度最低，径流变幅均在 5%以下，其他各月径流增幅为 20%～60%。

表 8.22 不同土地利用变化情景下华县站月均产流量（单位：亿 m³）

月份	产流量		
	耕地	草地	林地
1	10.19	24.33	26.71
2	12.83	20.73	21.73
3	10.29	17.70	17.92
4	14.63	20.20	18.95
5	22.41	29.05	25.44
6	57.87	62.93	47.01
7	130.11	153.69	117.95
8	186.06	225.32	174.33
9	186.43	265.64	243.67
10	131.31	202.53	195.12
11	35.27	81.53	86.01
12	14.67	42.06	46.07

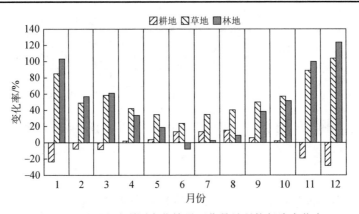

图 8.27 不同土地利用变化情景下华县站月均径流变化率

5. 状头站

耕地、草地和林地情景下的月均产流量见表 8.23，采用式（8.2）计算得到不同土地利用情景下月均径流变化率，结果如图 8.28 所示。从产流量看：除 7 月产流量为草地＞林地＞耕地，其他各月产流量为林地＞草地＞耕地。从响应方式来看，耕地情景下：各月径流均减小，且减少幅度不大，均在 20%以下。草地和林地情景下：各月径流均增加，当极端土地利用方式为草地时，各月径流增幅均衡，为 50%～80%；当极端土地利用方式为林地时，1～3 月及 10～12 月径流增加尤为明显，增幅达到 100%～140%，其他各月径流增加幅度为 70%～80%。

表 8.23　不同土地利用变化情景下状头站月均产流量（单位：亿 m³）

月份	产流量		
	耕地	草地	林地
1	1.70	3.15	4.36
2	1.04	1.78	2.62
3	1.01	1.85	2.59
4	1.32	2.50	3.05
5	2.22	4.35	4.89
6	4.09	7.58	8.22
7	8.09	15.03	14.99
8	11.55	22.56	23.48
9	31.67	53.42	57.32
10	16.19	32.39	39.64
11	7.43	14.89	18.99
12	14.67	42.06	46.07

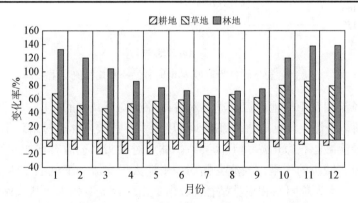

图 8.28　不同土地利用变化情景下状头站月均径流变化率

6. 空间响应特征

为了更好地反映渭河流域径流对不同土地利用方式在空间上的响应程度，本书以耕地情景下的产流量为基准，采用式（8.2）计算耕地转换为林地或草地时的各站月均径流的变化率。在此基础上，统计得到不同土类转换方式下林家村站、咸阳站、张家山站、华县站和状头站五个水文站的季平均径流变化率，结果如图 8.29 所示。

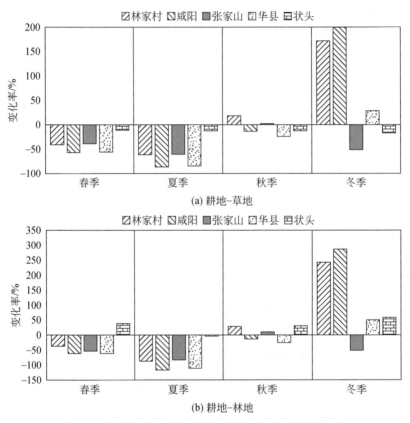

图 8.29　耕地转换为草地/林地时各站季平均径流变化率

春季径流相对于耕地而言，草地对各站径流均有减少的作用，且减少幅度干流大于支流。干流上，咸阳站径流减少幅度最大，其次为林家村站和华县站径流；支流上，径流减幅张家山站大于状头站。林地对状头站径流有增加的作用，对其他各站径流有减少的作用，径流变幅均为干流大于支流。干流上，林家村站径流减幅最小，其次为咸阳站和华县站径流；张家山站径流减幅大于状头站径流增幅。

夏季径流相对于耕地而言，草地和林地对各站径流均有减少的作用，减少幅度干流大于支流。干流上，林家村站径流减少幅度最小，其次为咸阳站和华县站；支流上，径流减幅张家山站大于状头站。

秋季径流相对于耕地而言，各站径流变幅均不大且差异不明显。

冬季径流相对于耕地而言，草地对干流径流有增加作用，对支流径流有减少作用，干流径流增加幅度大于支流径流减少幅度。干流上，咸阳站径流减少幅度最大，其次为林家村站，最后为华县站。支流上，径流减幅张家山站大于状头站。林地对张家山站径流有减少的作用，对其他各站径流有增加作用，径流变幅干流大于支流。干流上，咸阳站径流减少幅度最大，其次为林家村站，最后为华县站，支流上，张家山站径流减幅与状头站径流增幅持衡。

　　本章主要采用 SWAT 模型，探究了渭河流域年均和年内径流对气候变化（降水与气温）以及土地利用变化的时空响应特征。

第9章 结 论

本书取得的主要研究成果有：揭示了变化环境下水文气象要素的演变特征与规律及其极值的变异特征与驱动机理；阐明了气候变化和人类活动对水文序列变异的影响，构建了水文气象序列综合变异诊断体系，诊断了水文气象要素及其关系变异；分析了气候变化和人类活动对水文序列变异的贡献率，提出了水文气象序列变异诊断理论与方法，推动变化环境下工程水文学的发展。获得的主要结论包括以下几个方面。

1. 揭示了渭河流域水文气象要素特征及其演变规律

以渭河流域 1960～2010 年的 21 个气象站的降水、气温、蒸发等气象资料和 8 个水文站的年、月、日径流资料为基础，采用水文统计和非线性理论方法，揭示了水文气象要素的空间分布，年内、年际和年代际变化，丰枯变化，周期性，趋势性，持续性和集中度等基本变化规律，这是诊断渭河流域水文气象要素变异的不可缺少的基本步骤。结果表明：①渭河流域的多年平均降水量为 580mm，具有自东南向西北递减、山区大于平原的特点。短历时的降水事件（1～3 天）是渭河流域的主要降水事件，降水量贡献率达 60.7%。流域平均降水大致呈减少趋势，斜率为-1.2972mm/a，且表现出 4 年、16 年和 26 年的周期变化。②气温也自东南向西北递减，时间上呈现出逐年递增的趋势，特别是 20 世纪 90 年代以来，气温上升迅速，该趋势将在未来一段时间内继续保持。与降水序列不同，流域气温序列未出现短周期，但具有 16 年、26 年左右的中、长周期。③流域多年平均蒸发量为 846.8mm，空间分布态势为自东北部向西南部逐渐递减。干流林家村-临潼区域，蒸发呈递减趋势，其他区域呈不显著增加趋势，其中北道以上区域增加最为显著，临潼-华县区域增加最为微弱。同时，潜在蒸发序列存在 16 年左右的中周期和 26 年左右的长周期，陕西段各站还出现了 8 年左右的短周期。④渭河流域的地表径流主要来源于大气降水，总的趋势是由南向北递减，山区多，平原少。1960～2010 年，渭河流域径流量呈现逐年减少的趋势，从 20 世纪 70 年代径流量开始下降，到 21 世纪 00 年代径流量明显减小，且在未来一段时间内将延续显著性减少的趋势。干流各水文站均有近 16 年的周期，一致性较好，但各子流域周期区别明显。

2. 探明了极端水文事件的时空变化特征

以渭河流域 1960～2010 年气象站和水文站的实测资料为基础，通过计算降水、干旱指数，结合水文统计方法，揭示了渭河流域极端水文事件的时空变化特征。结果表明：①流域最大 1 日降水、连续最大 3 日降水的变化幅度及波动程度均不大，变化趋势并不显著；但空间分布不均，最小值均出现在流域上游河源处，然后在东西方向上由西向东递增，最大值出现在流域中下游，再逐渐递减至河口。②近半个世纪以来渭河流域最大洪峰流量均呈现不同程度的减小趋势，变化率在 $-44.75\sim-24.38\text{m}^3/(\text{s}\cdot\text{a})$，洪峰流量的减少与人类活动密切相关。除张家山站年最大洪峰序列未发生变异外，其余各站中林家村站变异点出现在 1986 年，咸阳站变异点出现在 1987 年，华县站则为 1994 年。同时，各站最大洪峰序列均存在 4 年和 11 年左右的周期变化。③渭河流域多年平均干旱程度在空间分布上呈东轻西重，南轻北重，并呈现出由东南向西北逐渐加重的趋势。从时间上看，冬季和春季有干旱化趋势，夏季和秋季有湿润化趋势，但流域各分区 1960～2010 年干旱程度总体呈缓慢增加趋势，预测这种加重趋势会持续下去，并存在 8 年和 27 年左右的周期。

3. 诊断了水文气象要素变异点

首先，在定义了变异点的基础上，区分了变异点与突变点的不同，描述了其内涵。突变点相当于驻点，是量变，突变点前后序列变化趋势不变；变异点则相当于极值点，是质变，变异点前后序列变化趋势发生变化。其次，采用 Mann-Kendall 趋势检验法和重新极差法对渭河流域的气象水文要素进行了变异诊断。结果发现：①除林家村以上区域降水序列在 1990 年发生变异外，流域其他区域降水序列均不存在变异点。②渭河流域各站气温序列均有变异点出现：北道站以上出现在 1994 年；张家山站出现在 1994 年；状头站出现在 1994 年；林家村站出现在 1993 年；魏家堡站出现在 1993 年；咸阳站出现在 1995 年；临潼站出现在 1995 年；华县站出现在 1994 年；全流域出现在 1994 年。气温变异点大多集中在 20 世纪 90 年代左右。③渭河流域各站蒸发除华县站外，均出现了变异：北道站以上出现在 1968 年；张家山站出现在 1968 年；状头站出现在 1968 年；林家村站出现在 1991 年；魏家堡站出现在 1978 年；咸阳站出现在 1974 年；临潼站出现在 1974 年；华县站无变异点出现；全流域出现在 1974 年。④渭河流域径流存在显著减小趋势，变异点出现的年份大部分集中在 20 世纪 70 年代和 90 年代。

4. 构建了水文气象要素变异综合诊断体系

为解决多种水文变异诊断方法检验结果不一致的问题，在系统总结和分析多种诊断方法特征的基础上，构建了水文气象要素变异综合诊断体系。该体系首先分析分析气候变化和人类活动背景，了解变异成因；然后采用不同定性与定量诊断方法进行变异点诊断，确定可能的变异点；再采用基于无量纲化的均值系数、C_v值进行变异点的等级划分；最后计算突变点前后径流序列的指标，如均值、均方差、C_v、C_s、年际、年内、周期性、趋势性、持续性等变化情况，进行合理性分析，综合诊断确定变异点。同时，以渭河流域华县站径流序列的变异诊断为例，证明了水文气象要素变异综合诊断体系的合理性和适用性。

5. 提出了水文气象序列关系间的变异诊断方法

众所周知，水文气象要素存在耦合关系，在气候变化和人类活动不断加剧的背景下不同要素间的关系可能发生变化，这将对水文气象要素预报模型的预报精度产生重要影响。因此，为了增加对变化环境下降水机制、径流产生机制的理解，本书采用多种方法（包括 Copula 函数和径流系数）诊断了渭河流域降水-气温关系和降水-径流关系的变异点。结果发现：①整个渭河流域的降水-气温关系没有明显的变异点，意味着该区域在全球变暖的背景下，降水-气温关系没有发生明显的变化。②林家村站的降水-径流关系出现两个变异点，分别发生在 1971 和 1996 年；张家山站出现了两个变异点，分别发生在 1988 和 1997 年；华县站仅出现了一个变异点，发生在 1995 年。另外，受到气候变化和不断加剧的人类活动的综合影响，渭河流域降水-径流关系有明显的弱化趋势。③对于泾河流域，自 1992 年开始降水-径流关系减弱，至 1996 年降水-径流关系最弱，1996 年后降水-径流关系又呈增强趋势，因而 1996 年左右流域的降水-径流关系发生变异。

6. 区分了气候变化与人类活动对水文序列变异的贡献率

气候变化和人类活动对流域水循环和水资源系统有着复杂的影响，合理地定量分析二者对水资源的影响程度，对流域治理、水资源高效利用有着极其重要的意义。研究基于双累积曲线法、Budyko 假设、SWAT 模型和 VIC 模型，定量分解了气候变化和人类活动对渭河流域径流、基流变异的贡献率。结果发现：①人类活动是渭河流域径流变异的主要驱动因子，但进入 20 世纪 90 年代以后，人类活动对径流变异的影响呈减少趋势，气候变化的贡献率则逐渐增大。②相对于变异前（1960～1970 年），变异后（1971～2005）年人类活动对流域各水文站基流减少的贡献率较强，分别为：林家村站 71%，咸阳站 73%和华县站 59%；而气候变化对基流变异影响较弱，贡献率均低于 41%。因此，基流变异的主要驱动因子是人类活动。

参 考 文 献

拜存有, 张升堂, 2009. 渭河关中段年径流过程变异点的诊断[J]. 西北农林科技大学学报(自然科学版), 37(10): 215-220.

曹洁萍, 迟道才, 武立强, 等, 2008. Mann-Kendall检验方法在降水趋势分析中的应用研究[J]. 农业科技与装备, (5): 35-37.

陈操操, 谢高地, 甄霖, 2007. 泾河流域降雨量变化特征分析[J]. 资源科学, 29(2): 172-177.

陈守煜, 2010. 基于可变模糊集的辩证法三大规律数学定理及其应用[J]. 大连理工大学学报, 50(5): 838-844.

陈守煜, 王子茹, 2011. 基于对立统一与质量互变定理的水资源系统可变模糊评价新方法[J]. 水利学报, 42(3): 253-270.

陈占寿, 乔爱芳, 2014. 几种水文序列变异点诊断方法的性能比较[J]. 青海师范大学学报(自然科学版), (3): 1-5.

崔屾, 黄强, 2013. 渭河流域降水、径流变异关系分析[C]// 第十一届中国水论坛论文集. 北京: 中国水利水电出版社.

董磊华, 熊立华, 于坤霞, 等, 2012. 气候变化与人类活动对水文影响的研究进展[J]. 水科学进展, 23(2): 278-285.

樊晶晶, 2016. 变化环境下水文要素变异研究[D]. 西安: 西安理工大学.

樊晶晶, 黄强, 刘登峰, 等, 2016. 人类活动和气候变化对北洛河径流变化的影响[J]. 西北农林科技大学学报(自然科学版), 44(2): 221-227.

高建芸, 2005. 影响福建热带气旋异常的成因及预测模型[D]. 南京: 南京信息工程大学.

龚建平, 马香莲, 朱元福, 2010. 共和盆地贵南县近53年雷暴天气变化规律[J]. 现代农业, (7): 71-73.

郭爱军, 畅建霞, 黄强, 等, 2014. 渭河流域气候变化与人类活动对径流影响的定量分析[J]. 西北农林科技大学学报(自然科学版), 42(8): 212-220.

郭爱军, 黄强, 王义民, 等, 2015. 基于Archimedean Copula函数的流域降雨-径流关系变异分析[J]. 水力发电学报, 34(6): 7-13.

和宛琳, 徐宗学, 2006. 渭河流域气温与蒸发量时空分布及其变化趋势分析[J]. 北京师范大学学报(自然科学版), 42(1): 102-106.

胡义明, 梁忠民, 2011. 基于跳跃分析的非一致性水文频率计算[J]. 东北水利水电, 29(7): 38-40, 72.

黄强, 孔波, 樊晶晶, 2016. 水文要素变异综合诊断[J]. 人民黄河, 38(10): 18-23.

黄强, 刘署阳, 樊晶晶, 2014. ENSO事件与渭河径流变异的响应关系[J]. 华北水利水电大学学报(自然科学版), 35(1): 7-10.

黄强, 赵雪花, 2008. 河川径流时间序列分析预测理论与方法[M]. 郑州: 黄河水利出版社.

黄生志, 黄强, 王义民, 等, 2014. 基于启发式分割和近似熵法的径流序列变异诊断[J]. 中山大学学报(自然科学版), 53(4): 154-160.

贾文雄, 何元庆, 李宗省, 等, 2008. 祁连山区气候变化的区域差异特征及突变分析[J]. 地理学报, 63(3): 257-269.

姜瑾, 2009. 陕西省南水北调水资源配置研究[D]. 西安: 西安理工大学.

雷江群,黄强,王义民,等,2014. 基于可变模糊评价法的渭河流域综合干旱分区研究[J]. 水利学报,45(5): 574-584.

李二辉,穆兴民,赵广举,2014.1919—2010 年黄河上中游区径流量变化分析[J]. 水科学进展,25(2): 155-163.

李海东,沈渭寿,佘光辉,等,2010. 雅鲁藏布江中游河谷气温时序变化的小波分析[J]. 长江流域资源与环境,(S2): 87-93.

李艳,陈晓宏,王兆礼,2006. 人类活动对北江流域径流系列变化的影响初探[J]. 自然资源学报,21(6): 910-915.

李艳,陈晓宏,张鹏飞,2013. 北江流域水文特征变异研究[J]. 自然资源学报,28(5): 822-831.

黎云云,畅建霞,王义民,等,2016. 渭河流域径流对土地利用变化的时空响应[J]. 农业工程学报,32(15): 232-238.

刘丙军,陈晓宏,2009. 东江流域降水空间分布模式识别[J]. 中山大学学报(自然科学版),48(5): 148-152.

刘昌明,张学成,2004. 黄河干流实际来水量不断减少的成因分析[J]. 地理学报,(4): 323-330.

吕乐婷,彭秋志,廖剑宇,等,2013. 近 50 年东江流域降雨径流变化趋势研究[J]. 资源科学,35(3): 514-520.

吕琳莉,刘湘伟,周红梅,等,2013. 雅鲁藏布江中下游年径流变化趋势分析[J]. 人民黄河,35(5): 27-29.

马晓超,粟晓玲,薄永占,2011. 渭河生态水文特征变化研究[J]. 水资源与水工程学报,22(1): 16-21.

莫淑红,沈冰,张晓伟,等,2009. 基于 Copula 函数的河川径流丰枯遭遇分析[J]. 西北农林科技大学学报(自然科学版),37(6): 131-136.

穆兴民,张秀勤,高鹏,等,2010. 双累积曲线方法理论及在水文气象领域应用中应注意的问题[J]. 水文,30(4): 47-51.

冉大川,赵力仪,王宏,等,2005. 黄河中游地区梯田减洪减沙作用分析[J]. 人民黄河,27(1): 51-53.

任立良,张炜,2001. 中国北方地区人类活动对地表水资源的影响研究[J]. 河海大学学报,自然科学版,29(4): 13-18.

桑燕芳,王中根,刘昌明,等,2013. 水文时间序列分析方法研究进展[J]. 地理科学进展,32(1): 20-30.

司海松,2017. 黄河中游陕西境内多沙粗沙区水沙变化研究[D]. 西安: 西安理工大学.

孙悦,李栋梁,朱拥军,2013. 渭河径流变化及其对气候变化与人类活动的响应研究进展[J]. 干旱气象,31(2): 396-405.

汤瑞琪,费振宇,周玉良,等,2013. 基于非一致性频率的全国旱灾损失风险分析[J]. 人民黄河,35(12): 50-53.

滕方达,陈海山,ZHANG W,2018. 东亚中纬度气旋活动异常特征及其与东亚夏季风的联系[C]. 第 35 届中国气象学会年会,北京.

王辉,张钰,刘光生,等,2009. 渭河源区 1970—2006 年梯田开发对水文产流的影响[J]. 水土保持研究,16(2): 220-226.

王磊,2018. 清水河流域土地利用变化对径流的影响研究[D]. 保定: 河北农业大学.

王随继,闫云霞,颜明,等,2012. 皇甫川流域降水和人类活动对径流量变化的贡献分析——累积量斜率变化率比较方法[J]. 地理学报,67(3): 388-397.

王艳姣,闫峰,2014.1960—2010 年中国降水区域分异及年代际变化特征[J]. 地理科学进展,33(10): 1354-1363.

王彦君,王随继,苏腾,2015. 降水和人类活动对松花江径流量变化的贡献率[J]. 自然资源学报,30(2): 304-314.

王毓森,黄维东,2016. 基于变异诊断分析的大通河流量预报模型研究[J]. 人民黄河,38(2): 19-23.

王兆礼,陈晓宏,黄国如,2007. 近40年来珠江流域平均气温时空演变特征[J]. 热带地理,(4):289-293.

王志刚,毛志勇,冯利英,2013. 核分位数估计及其应用[J]. 数学的实践与认识,43(21):143-150.

吴喜军,李怀恩,董颖,等,2014. 陕北地区煤炭开采等人类活动对河道径流影响的定量识别[J]. 环境科学学报,34(3):772-780.

谢芳,尹婧,熊育久,等,2009. 泾河流域40年的土地利用/覆盖变化分区对比研究[J]. 自然资源学报,24(8):1354-1365.

谢今范,张婷,张梦远,等,2012. 近50a东北地区地面太阳辐射变化及原因分析[J]. 太阳能学报,33(12):2127-2134.

谢平,唐亚松,李彬彬,等,2014. 基于相关系数的水文趋势变异分级方法[J]. 应用基础与工程科学学报,22(6):1089-1097.

熊立华,周芬,肖义,等,2003. 水文时间序列变点分析的贝叶斯方法[J]. 水电能源科学,21(4):39-41.

徐宗学,刘琳,杨晓静,2017. 极端气候事件与旱涝灾害研究回顾与展望[J]. 中国防汛抗旱,27(1):66-74.

薛娟,夏自强,黄峰,2013. 大型水库对其下游河流径流年际变化及年内分配的影响[J]. 水电能源科学,31(10):17-20.

燕爱玲,达良俊,崔易翀,2015. 渭河流域水文过程变异诊断[J]. 人民黄河,37(9):8-10.

燕爱玲,黄强,刘招,等,2007. R/S法的径流时序复杂特性研究[J]. 应用科学学报,25(2):214-217.

尹占娥,田鹏飞,迟潇潇,2018. 基于情景的1951—2011年中国极端降水风险评估[J]. 地理学报,73(3):405-413.

于静,2008. 大清河流域土地利用/覆被变化对洪水径流影响问题的研究[D]. 天津:天津大学.

占车生,乔晨,徐宗学,等,2012. 渭河流域近50年来气候变化趋势及突变分析[J]. 北京师范大学学报(自然科学版),48(4):399-405.

张宏利,陈豫,任广鑫,等,2008. 近50年来渭河流域降水变化特征分析[J]. 干旱地区农业研究,26(4):236-241.

张淑兰,王彦辉,于澎涛,等,2011. 人类活动对泾河流域径流时空变化的影响[J]. 干旱区资源与环境,25(6):66-72.

张文,2007. 近百年来气候突变与极端事件的检测与归因的初步研究[D]. 扬州:扬州大学.

张翔,冉啟香,夏军,等,2011. 基于Copula函数的水量水质联合分布函数[J]. 水利学报,42(4):483-489.

赵晶,2009. 区域水资源配置方案综合评价研究[D]. 西安:西安理工大学.

中华人民共和国国务院,2006. 国家中长期科学和技术发展规划纲要(2006—2020年)[J]. 中华人民共和国国务院公报,(9):1-5.

朱红艳,韩彩波,贾志峰,等,2012. 泾河张家山水文站水沙特性分析及工程实例[J]. 农业工程学报,28(19):48-55.

朱悦璐,2017. 水文模型模拟的不确定性研究[D]. 西安:西安理工大学.

ADAM R, MICHAEL H S, 2009. Crouch gait patterns defined using k-means cluster analysis are related to underlying clinical pathology [J]. Gait & Posture, 30(2):155-160.

BARNETT, T P, PIERCE D W, HIDALGO H G, et al. , 2008. Human-induced Changes in the Hydrology of the Western United States [J]. Science, 19:1080-1083.

BUDYKO M I, 1974. Climate and Life [M]. New York:Academic Press.

CHEN B D, LIANG J L, ZHENG N N, et al., 2016. Kernel least mean square with adaptive kernel size [J]. Neurocomputing, 191: 95-106.

CHEN Y D, ZHANG Q, LU X X, et al., 2011. Precipitation variability (1956—2002) in the Dongjiang River (Zhujiang River basin, China) and associated large-scale circulation [J]. Quaternary International, 244 (2): 130-137.

COLLOW T W, ROBOCK A, WU W, 2014. Influences of soil moisture and vegetation on convective precipitation forecasts over the United States Great Plains [J]. Journal of Geophysical Research-Atmospheres, 119 (15): 9338-9358.

COSCARELLI R, CALOIERO T, 2012. Analysis of daily and monthly precipitation concentration in Southern Italy (Calabria region) [J]. Journal of Hydrology, (416-417): 145-156.

DAUFRESNE M, LENGFELLNER K, SOMMER U, 2009. Global warming benefits the small in aquatic ecosystems [J]. Proceedings of the National Academy of Sciences USA, 106 (31): 12788-12793.

DE LUIS M, GONZALEZ-HIDALGO J C, RAVENTO S J, et al., 2007. Distribución espacial de la concentracion y agresividad de la lluvia en el territorio de la Comunidad Valenciana[J]. Cuaternario Y Geomorfologia, 11(3-4): 33-44.

DIAS A, 2004. Copula inference for finance and insurance [D]. Toronto: The University of York.

DONOHUE R J, RODERICK M L, MCVICAR T R, 2007. On the importance of including vegetation dynamics in Budyko's hydrological model [J]. Hydrology and Earth System Sciences, 11 (2): 983-995.

DUNN J C, 1974. A fuzzy relative of the ISODATA process and its use in detecting compact well separated clusters [J]. Journal of Cybernetics, 3 (3): 32-57.

FORBES W, MAO J F, JIN M Z, et al., 2018. Contribution of environmental forcings to US runoff changes for the period 1950—2010 [J]. Environmental Research Letters, 13 (5): 054023.

GAO J B, GUNN S R, HARRIS C J, et al., 2001. A probabilistic framework for SVM regression and error bar estimation [J]. Machine Learning, 46 (1-3): 71-89.

GENEST C, BRUNO R, BEAUDOIN D, 2009. Goodness-of-fit tests for copulas: A review and a power study [J]. Insurance Mathematics & Economics, 44 (2): 199-213.

GIRAITIS L, KOKOSZKA P, LEIPUS R, et al., 2003. Rescaled variance and related tests for long memory in volatility and levels [J]. Journal of Econometrics, 112 (2): 265-294.

HAMED K H, RAO A R, 1998. A modified Mann-Kendall trend test for autocorrelated data [J]. Journal of Hydrology, 204 (1-4): 182-196.

HE J, SODEN B J, KIRTMAN B, 2014. The robustness of the atmospheric circulation and precipitation response to future anthropogenic surface warming [J]. Geophysical Research Letters, 41 (7): 2614-2622.

HE W L, XU Z X, 2006. Spatial and temporal characteristics of the long-term trend for temperature and pan evaporation in the Wei River basin [J]. Journal of Beijing Normal University (Natural Science), 42 (1): 102-106.

HUANG S Z, CHANG J X, HUANG Q, et al., 2014. Spatio-temporal changes in potential evaporation based on entropy across the Wei River basin [J]. Water Resources Management, 28 (13): 4599-4613.

HUANG S Z, HUANG Q, CHANG J X, et al., 2015. The response of agricultural drought to meteorological drought and the influencing factors: A case study in the Wei River Basin, China [J]. Agricultural Water Management, 159: 45-54.

HUARD D, ÉVIN G, FAVRE A C, 2006. Bayesian copula selection [J]. Computational Statistics & Data Analysis, 51(2): 809-822.

HURST H E, BLACK R P, SAMAYKA Y M, 1965. Long-term Storage: An Experimental Study [M]. London: Constable.

LI X M, JIANG F Q, LI L H, et al., 2011. Spatial and temporal variability of precipitation concentration index, concentration degree and concentration period in Xinjiang, China [J]. International Journal of Climatology, 31(11): 1679-1693.

LIN S W, YING K C, CHEN S C, et al., 2008. Particle swarm optimization for parameter determination and feature selection of support vector machines [J]. Expert Systems with Applications, 35(4): 1817-1824.

LORENZ M O, 1905. Methods of measuring the concentration of wealth [J]. American Statistical Association, 9(70): 209-219.

MA M W, SONG S B, YU Y, et al., 2012. Multivariate joint probability distribution of droughts in Wei River Basin [J]. Journal of Hydroelectric Engineering, 31(6): 28-34.

MATHIER L, PERREAULT L, BOBE B, 1992. The use of geometric and gamma-related distributions for frequency analysis of water deficit [J]. Stochastic Hydrology and Hydraulics, 6(4): 239-254.

MILLY P C D, 1974. Climate, soil water storage, and the average annual water balance [J]. Water Resources Research, 30(7): 2143-2156.

OLASCOAGA M J, 1950. Some aspects of Argentine rainfall [J]. Tellus, 2(4): 312-318.

OLIVER J E, 1980. Monthly precipitation distribution: a comparative index [J]. Professional Geographer, 32(3): 300-309.

PERREAULT L, BERNIER J, BOBEE B, et al., 2000. Bayesian change-point analysis in hydrometeorological time series. Part 1. The normal model revisited [J]. Journal of Hydrology, 235(3-4): 221-241.

PINTER N, THOMAS R, WLOSINSKI J H, 2001. Assessing flood hazard on dynamic rivers [J]. EOS, 82(31): 333-339.

ROZUMALSKI A, SCHWARZ M H, 2009. Crouch gait patterns defined using k-means cluster analysis are related to underlying clinical pathology [J]. Gait & Posture, 30: 155-160.

SHANNON C E, 1948. A mathematical theory of communication [J]. Bell System Technical Journal, 27(4): 623-656.

SHIAU J T, 2006. Fitting drought duration and severity with two-dimensional Copulas [J]. Water Resources Management, 20(5): 795-815.

SZILAGYI J, 2001. Modeled areal evaporation trends over the conterminous United States [J]. Journal of Irrigation and Drainage Engineering, 127(4): 196-200.

TANAKA T, TACHIKAWA Y, IACHIKAWA Y, et al., 2017. Impact assessment of upstream flooding on extreme flood frequency analysis by incorporating a flood-inundation model for flood risk assessment [J]. Journal of Hydrology, 554: 370-382.

THOM R, 1973. A Universal Topology. (Book Reviews: Stabilite Structurelle et Morphogenese. Essai d'une Theorie Generale des Modeles) [J]. Science, 181: 536-538.

TROCH P A, MARTINEZ G F, PAUWELS V R N, et al., 2009. Climate and vegetation water-use efficiency at catchment scales [J]. Hydrol. Processes, 23 (16): 2409-2414.

VAPNIK V N, 1995. The Nature of Statistical Learning Theory [M]. New York: Springer-Verlag.

VAPNIK V N, 1998. Statistical Learning Theory [M]. New York: Wiley.

VOSTRIKOVA L Y, 1981. Detecting 'disorder' in multidimensional random process [J]. Doklady Akademii Nauk Sssr, 259(2): 270-274.

WANG D, HEJAZI M, 2011. Quantifying the relative contribution of the climate and direct human impacts on mean annual streamflow in the contiguous United States [J]. Water Resources Research, 47 (10): 411.

WANG D, TANG Y, 2014a. A one-parameter Budyko model for water balance captures emergent behavior in darwinian hydrologic models [J]. Geophysical Research Letters, 41 (13): 4569-4577.

WANG Z Q, DUAN A M, WU G X, 2014b. Time-lagged impact of spring sensible heat over the Tibetan Plateau on the summer rainfall anomaly in East China: case studies using the WRF model [J]. Climate Dynamics, 42 (11-12): 2885-2898.

WILLIAMS J R, 1990. The erosion-productivity impact calculator (EPIC) model: a case history [J]. Philosophical Transactions of the Royal Society B: Biological Sciences, 329 (1255): 421-428.

YANG D, SUN F, LIU Z, et al., 2007. Analyzing spatial and temporal variability of annual water-energy balance in nonhumid regions of China using the Budyko hypothesis [J]. Water Resources Research, 43 (4): WO4426.1-WO4426.12.

ZHANG A, ZHANG C, FU G, et al., 2012a. Assessments of impacts of climate change and human activities on runoff with SWAT for the Huifa River basin, Northeast China [J]. Water Resources Management, 26 (8): 2199-2217.

ZHANG L, DAWES W R, WALKER G R, 2001. Response of mean annual evapotranspiration to vegetation changes at catchment scale [J]. Water Resources Research, 37 (3): 701-708.

ZHANG Q, SINGH V P, PENG J T, et al., 2012b. Spatial-temporal changes of precipitation structure across the Pearl River basin, China [J]. Journal of Hydrology, 440-441: 113-122.

ZHANG Q, XU C Y, CHEN Y D, et al., 2009. Abrupt behaviors of the streamflow of the Pearl River basin and implications for hydrological alterations across the Pearl River Delta, China [J]. Journal of Hydrology, 377 (3-4): 274-283.

ZOLINA O, SIMMER C, GULEV S K, et al., 2010. Changing structure of European precipitation: Longer wet periods leading to more abundant rainfalls [J]. Geophysical Research Letters, 37 (6): L06704.

ZUO D P, XU Z X, YANG H, et al., 2011. Spatiotemporal variations and abrupt changes of potential evapotranspiration and its sensitivity to key meteorological variables in the Wei River basin, China [J]. Hydrological Processes, 26 (8): 1149-1160.